직립보행

직립보행

Craig Stanford 지음
한국동물학회 역

전파과학사

UPRIGHT by Craig Stanford

This Korean edition was published in 2009 by Chonpa Kwahak Sa with arrangement of Craig Stanford c/o Baror International, Inc., Armonk, New York, USA through KCC(Korea Copyright Center Inc.), Seoul, Korea.

번역서에 부쳐

인간의 진화에 있어서 가장 중요한 단계의 하나는 직립 보행이다. 한국동물학회가 총서 제8권으로 내 놓은 이 책은 생물학을 전공하는 사람은 물론 일반 독자들이 인간의 진화 역사와 우리 인간의 조상을 찾는 재미있는 생각들을 이해하는데 큰 도움을 주리라 생각된다. 한국동물학회 총서 출판 사업은 동물학의 저변을 넓히는데 큰 역할을 하고 있으며 미래의 생물학자를 꿈꾸는 학생들로부터 좋은 반응을 얻고 있다. 그 좋은 예로 제3권 '40억 년 간의 시나리오'는 대한민국학술원 2002년도 우수 학술도서에, 그리고 제4권 '생존의 한계'는 문화관광부 2002년도 우수 학술도서에 선정될 정도로 그 권위와 가치를 인정받고 있다.

이 책의 번역에 수고하여주신 동물학회 회원 역자 분께 깊이 감사드리면서, 이 책의 출판위원장으로 수고하신 한양대학교 안주홍 교수와 운영위원을 맡아 고생하신 한양대 의과대학 정희경 교수께 감사드린다. 끝으로 출판을 위해 애쓰신 전파과학사 여러분과 사장님께도 사의를 표한다.

2009년 4월 25일

한국동물학회 회장
서울대학교 자연과학대학 생명과학부 교수 정 진 하

원저에 대하여

크래이그 스탠포드 교수의 저서 <직립 보행: 인간으로 진화하는 열쇠>를 오랜 각고 끝에 출판하게 되어 매우 기쁘게 생각한다. 인류 진화 역사를 통하여 인간 조상에 대한 심오한 고찰은 생물학적 견지에서 인류의 역사와 사회문화를 이해하는 좋은 기회를 제공해 주고 있다.

특히 스탠포드 교수는 아프리카에서 행한 유인원에 대한 연구로 이미 여섯 권의 저서를 발표한 이 분야의 대가로 자신의 연구뿐만 아니라 이 분야의 흥미진진한 연구를 이 책에서 서술하고 있다.

한국 동물학회 총서 제8권으로 발간되는 이 책의 번역에 수고하여 주신 동물학회 회원 역자 분들께 특히 감사드리고 운영위원을 맡아 고생하신 한양대 의대 정희경 교수님께 감사드린다.

끝으로 원고 수정과 마무리에 힘써주신 이유미 학생과 출판을 위해 애쓰신 전파과학사에 감사드린다.

2009년 5월 25일

한국동물학회 출판위원장
한양대학교 자연과학대학 생명과학과 교수 안 주 홍

번역하신 분들 (가나다순)

강신성 교수(경북대학교 자연과학대학 생물학과)
계명찬 교수(한양대학교 자연과학대학 생명과학과)
김도한 교수(광주과학기술원 생명과학과)
김명순 교수(우석대학교 이공대학 생명과학부)
김욱 교수(단국대학교 첨단과학대학 생물학과)
김철근 교수(한양대학교 자연과학대학 생명과학과)
김현섭 교수(공주대학교 사범대학 생물교육학과)
박우진 교수(광주과학기술원 생명과학과)
박인국 교수(동국대학교 자연과학대학 생물학과)
성재영 교수(고려대학교 의과대학 의학과)
손종경 교수(경북대학교 자연과학대학 생물학과)
송은숙 교수(숙명여자대학교 자연과학대학 생명과학과)
안주홍 교수(한양대학교 자연과학대학 생명과학과)
안태인 교수(서울대학교 자연과학대학 생명과학부)
이명애 교수(아주대학교 의과대학 뇌질환연구센터)
정희경 교수(한양대학교 의과대학 병리학 교실)
조정희 교수(광주과학기술원 생명과학과)

차례

감사의 글

나의 동료들의 연구결과를 해설해 나가는 책을 쓰는 것은 험난한 도전이다. 왜냐하면 그들의 의견을 높이 평가하는 사람들 중에서 적어도 절반 정도는 나에게 좋지 않은 반응들을 보내기 때문이다. 특히 인간 화석 기록에 대해서 글을 쓸 때 특히 그렇다. 화석표본 중 인간의 화석은 그 수가 적고, 과학적인 의견들이 분분하며 논쟁 또한 치열하기 때문이다. 나는 <직립보행(upright)>에 대한 원고의 일부분을, 오래 전에 겪었던 대학원 구술시험을 위해 앉아 있을 때의 그러한 떨림을 가지고 동료들에게 보냈다. 그러나 나의 두려움은 전혀 근거가 없는 것이었으며, 내 연구 분야에서 나와 반대 성향을 가진 사람들에게서 받았던 비평은 전반적으로 헐뜯기 위한 것이 아니라, 나의 책을 돕는 것들이었다. 그리고 내가 받았던 건설적인 비판들은 이 책을 끝마치는 데 매우 중요했다.

원고와 그 해석에 대해 충고를 해달라는 요청이 담긴 나의 장황한 이메일을 받고, 잘못된 사실과 이론들에 대해 자세히 비평을 담아 몇 시간 안에 답장해 준 버클리에 있는 캘리포니아대학교의 팀 화이트(Tim White)에게 감사를 표한다. 켄트주립대학교의 오웬 러브조이(C. Owen Lovejoy)는 발간되지 않은 논문들을 즉시 보내주었고, 내가 찾고자 했던 정보들로 가득 찬 CD도 보내주었다. 시카고대학교의 러셀 터틀(Russell Tuttle) 역시 좋은 반응을 주었으며, 산만한 나의 원고를 편집하는 것을 도와주었다. 수년 동안 모든 과학자가 바라는 최고의 건설적인 비평가의 자리를 지켜온 마이애미대학교의 윌리엄 맥그루(William McGrew)는 나의 폭넓은 결론에 대해 여러 가지 조심스런 의견을 주었다. 하버드 의과대학의 미시아 랜도(Misia Landau)와 나눈 몇 해 전 일련의 대화 중에 책의 가장 초기 부분 일부에 대한 아이디어가 샘솟았는데, 그녀는 프리드리히 엥겔스(Friedrich Engels)와는 다른 역사적 시점으로 두 발 보행(bipedalism)에 대해 쓰도록 나에게 방향을 제시했다. 나의 오랜 동료이자 공저자이며 친구인 아이오와대학교의 존 앨런(John Allen)은 평상시와 같이 전체적인 내용에 대해 그의 독특한 관점을 제시했다. 나는 인디아나대학교의 캐빈 헌트(Kevin Hunt)와 뉴멕시코주립대학교의 몬테 맥크로신(Monte McCrossin)과 함께 직립보행에 대한 유익한 토론을 가졌었다. 특별히 나는 Houghton Mifflin사의 편집자인 Laura van Dam과, 소크빌에 있는 Chichak and Galen Literary Agancy, Inc.의 나의 대리인인 Russel Galen에게 감사의 말씀을 드린다.

두 발 보행의 기원에 대한 나의 첫 번째 관심은 우간다의 브윈디 천연 국립공원(Bwindi Impenetrable National Park)에 있는 연구 그룹의 침팬지들로부터 시작되었다. 침팬지는 과학자들이 시간을 보내고 싶어하는 곳보다 더 아름답지만 위협받는 서식지 안에 살고 있다. 어느 날 큰 나무에 있던 침팬지들은 똑바로 일어섰다. 그러고는 마치 우리가 슈퍼마켓에서 맨 위 선반을 향해 손을 뻗는 것처럼 머리 위에 달려 있는 무화과를 따먹기 시작했다. 내가 여러 곳에서 보아왔던 다른 유인원들과 비교해서 침팬지가 두 발로 더 잘 선다는 것이 증명된 것이다. 이들은 가끔 직립해서 걷지만, 나무꼭대기에서는 항상 직립해서 걸었다. 이것을 보면서 직립에 대해 설명해온 몇몇 전통적인 이론들이 모두 틀렸다는 것을 명확히 알게 되었다. 어느 날 아침 나는 인간 보행의 기원에 관한, 대형 유인원의 모델에 대해 전반적으로 통할 수 있는 학문적인 비평 논문을 쓰기 위해서

았았다. 몇 달이 지난 후, 논문이 책으로 낼 정도의 분량이 되었을 때, 나는 이 책 '직립'(Upright)이 완성될 것임을 깨달았다.

현재까지 7년 동안 브윈디(Bwindi)에서 연구를 계속할 수 있도록 해준 관대한 지원기관에 대해 감사하게 생각한다. 특히 국립 지리학 연구회, Wenner Gren 인류학 연구재단, 풀브라이트 재단, L.S.B. Leakey 재단, 그리고 남캘리포니아대학교의 Jane Goodalle 연구센터에 감사를 표한다. 우간다 정부(특히 Ugandan Wildlife Authority와 Uganda National Council for Science and Technology)는 우간다에서 연구할 수 있도록 허가를 내주었다.

또한 연구 프로젝트에 뒤이어 이 책이 나오기까지 아프리카와 국내에서 도움을 준 많은 사람들, 특히 우간다의 Jonh Bosco Nkurunungi, Caleb Mgamboneza, Mitchell Keiver, Alastair McNeilage 박사, Gervase Tumwebaze; 탄자니아의 Jane Goodall; 캘리포니아의 Christopher Boehm, Adriana Hernandez, Erin Moore, Terrelita Price, Tatiana White, Adam Stanford-Moore, Gaelen Stanford-Moore, Marika Stanford-Moore의 지원에 대해 감사의 말씀을 전한다.

나의 친구들과 동료들과 가족들의 모든 도움에도 불구하고, 이 책에 남아있는 잘못된 부분들은 전부 나의 책임이다.

서론 :
어린 아이가 걸음마를 하다

나는 나의 세 아이들이 각각 스스로 첫 걸음마를 했던 때를 선명하게 기억한다. 첫 번째 딸아이는 몇 주 동안 이리저리 기어 다녔다. 그리고 아이는 가구, 사람, 강아지들, 그리고 손에 잡을 수 있는 어떤 것이든 잡고 일어서서 걸었다. 10개월째에는 두 발로 걸을 준비가 되었다. 내 큰 딸은 내 손을 떼고 발을 내디뎠고, 뒤뚱거리는 걸음으로 몇 걸음 걸어서 엄마의 품으로 안겼다. 내 딸의 커다란 눈은 그 행동에 충격을 받은 듯 했다. 우리는 우리의 양육법이 모든 인간 행동들 중에서 가장 본능적인 것을 그 아이에게 가르쳤다는 것을 생각하면서 기뻐했다. 3년 후 우리는 멕시코 시골에 있는 어떤 마을에 살게 되었고, 둘째 딸이 먼지투성이 속에서 기어 다니다가 걸린 병 때문에 고민하고 있었다. 그러던 어느 날 그 아이도 일어섰고, 아장아장 걸었다. 그런데 아들은 달랐다. 나는 그 때 동아프리카에 살았었고, 큰 경사를 놓칠 거라는 것을 알면서도 한 달 동안 여행을 떠났다. 우간다에 도착한 후, 나는 잡음이 심한 수화기를 통해 내 아들 아담(Adam)이 기어 다니면서 공을 잡으려 하는 무수한 시도 끝에, 그의 팔에 공을 안고 함박웃음을 지으며 아주 쉽게 일어서서 걸었다는 사실을 전해 들었다.

우리 인류가 두 발 동물이 된 것을 감사하는 사람은 매우 적은데, 그 이유는 아마도 걷는 것이 매우 에너지가 적게 들고 별다른 생각을 요구하지 않기 때문일 것이다. 대부분의 사람들은 우리의 수준 높은 지적 능력이나, 엄지로 무언가를 쥘 수 있는 능력이 다른 영장류와 우리를 구분하는 것이라고 생각할 것이다. 그러나 모든 영장류가 엄지로 쥐는 능력을 가졌다. 그리고 유인원의 뇌와 우리의 뇌 사이의 차이는 사람이 생각하는 것처럼 그리 굉장한 것이 아니다. 일부분, 예를 들어 언어중추는 결정적으로 재편(再編)되기는 했지만, 인간의 뇌는 기본적으로 침팬지 뇌의 부풀려진 변형일 뿐이다.

그러나 우리가 습관적으로 두 발로 일어서고 걷는 능력은 종의 창조물들로부터 우리 조상의 근원적인 변화를 나타내는 것이다. 두 발 보행은 약 500만년에 걸쳐 뇌의 크기를 팽창시켰다; 이것은 인류의 여명을 실제적으로 드러낸 것이다. 두 발 동물이 선 것이 바로 우리를 인간이 되도록 했다. 인류의 화석이 발견될 때마다 모든 사람이 알고 싶어 하는 중요한 정보들 중 맨 첫 번째 것은 "직립보행을 했을까?"라는 것이고, 두 번째 질문은 "우리의 계보(系譜)가 어떻게 변화될까?"라는 것이다.

우리들 대부분이 인식하지 못하고 있는 것은 걷는다는 것이 매력적이라는 점이다. 걷는다는 것은 유인원의 복잡한 모자이크와 초기 인간상(人間像)이 다 같이 진화한 종속(從屬) 특성의 핵심적인 부분이다. 예를 들어, 개나 말과 같은 많은 동물이 네 다리로 움직일 때 호흡과 동조(同調)하여 걸어야 하지만 두 다리로 걷는 것은 우리 몸을 자유롭게 한다. 우리의 두 다리 조상은 폐가 자유로워지자 말하기가 진화될 수 있도록 정교한 방법으로 숨쉬기를 조절할 수 있었다. 직립보행과 말하기 사이의 관계는 인체 진화에 대한 여러 가지 조각그림 맞추기 중의 한 가지 뚜렷한 예이다.

왜 우리가 두 발 보행을 하는지를 설명하는 것은 간단하지 않다. 이 책에서 그 질문은 사실상 두 부분으로 구성하여 제시하고 있다. 그중 하나는 "우리 조상이 첫걸음을 내딛도록 만든 것이 무엇인가?"이고, 다른 하나는 "어떤 진화적 자극들이 아장아장 걷던 이들을 아주 효과적으로 장기간 걷고 달리는 사람이 되게 했는가?"이다. 최근 연구에 의하면, 첫 걸음은 단순히 질질 끄는 상태로서, 손에 잡히지 않는 저편에 있는 무화과에 도달할 수 있도록 유인원 조상을 도와주었다. 그러고 나서 이들 최저 수준의 두 발 동물들은 에너지를 찾는 끝없는 터널의 끝에서 '육식'(肉食)이라는 서광(瑞光)을 발견했다. 육식은 작은 동물을 포획하여 통째로 먹을 수도 있었고, 크고 작은 동물의 시체를 먹는 것이었다. 이렇게 하여 불을 가지게 된 프로메테우스 인간(Promethean human)들은 매일 육식을 찾아 흩어져 나갔다.

육류 섭취는 더 큰 뇌로 진화될 수 있도록 했으며, 인식능력의 진화를 도와줄 새롭고 중요한 단백질, 지방, 그리고 열량이 좋은 식품원(食品原)을 제공했다. 육류 섭취가 더욱 중요해지면서, 조상들은 이 행성을 지배하기 시작하는 인류를 만들어낼 새로운 삶의 방식에 적응했다. 두 발로 걷게 된 것은, 일반적인 생각과는 달리, 바로 두뇌 확장으로 연결되지 않았다. 두 가지 사건은 진화 시계에서 수백만 년의 차이를 두고 일어났다.

인간 기원에 대한 전통적인 견해는 이러하다. 600만 년 전 유인원 조상은 사바나에서 살 기 위해 편안하고 안전한 아프리카의 숲을 두고 떠났다. 옛 보금자리에는 없는 트인 땅과 육류가 풍부한 식단은 진보를 향한 보다 많은 기회를 주었다. 유인원 조상의 직립보행에 의한 이동은 단지 시야의 확장이 아니라 삶의 수단이 되도록 진화했다. 직립자세는 인류의 조상으로 하여금 도구, 사냥한 고기 덩어리, 그리고 자식까지 운반할 수 있게 했다. 이러한 전환은 수없이 많았다. 표범에서 검치고양이에 이르기까지, 여러 가지 형태와 크기를 가진 포식자들은 밤낮으로 풀 속을 돌아다니며 먹이를 사냥했다. 인류의 새로운 이 자세(姿勢)는 포식자들로부터 빠르게 피하도록 할 수는 없었다. 그러나 초기 인류를 살아남게 하고, 인간 종족에게 유리하도록 흐름을 바꾼 한 가지는 빠르게 확장된 두뇌에 있었다. 왜

소한 인간은 이 지혜만으로 수백만 년에 걸쳐, 그 자손은 큰 뇌를 가진 인간(*Homo sapiens*)으로 성공하여 결국 현재까지 이어져왔다.

등을 구부리고 발을 끌며 걷는 유인원 같은 생명체가 인간으로 진화해가는 친숙한 그림은 하나같이 보이지만, 각각에 대해 의문이 제기되고 있다. 우리가 완벽을 향해 천천히 진화했다는 생각을 고수하는 것은 잘못이다. 동물은 무작정 진화하지 않는다. 자연 선택은 세대를 지나 다음 세대를 형성해간다. 각 단계에서 그 동물의 형태는 효율적으로 디자인되어, 먹이를 구하고 자손을 기르는 일 등에 성공하도록 되었을 것이다. 반면에 자연선택은 다음 세대에 그 동물의 유전자들을 제거하기도 한다. 비록 보편적이고 과학적인 설명이 요구되겠지만, 우리는 유인원 조상에서 시작된 복잡한 진화의 정점에 있는 것은 아니다.

두 발로 서는 것은 흔하지 않다

두 발로 서는 것은 드물다. 오늘날 지구상에 있는 200종 이상의 영장류 중 하나만이 두 발로 다닌다. 4,000종 이상의 포유류 중 단 하나가 걸을 때 완벽한 두 발이다(캥거루쥐와 사향고양이 같은 몇몇 예외적인 동물들은 잠시 동안만 두 발로 선다). 만일 수천 종의 동물들(양서류나 파충류 같은)을 포함시킨다면, 두 발로 걷는 것은 가장 기묘하게 돌아다니는 방법으로 부각될 것이다. 타조나 펭귄 같은 새들과 캥거루도 굳이 말하자면 두 발 동물이다. 그러나 그 동물들은 완전히 다른 신체 구조를 가지고 태어났고, 엄밀히 말하자면 이동하는데 있어서 두 발에만 의존하지 않는다. 티라노사우루스(*Tyrnnosaurus rex*)와 그의 동족처럼, 지구상에서 멸종된 동물의 형태까지 모두 끼워 넣는다 해도, 두 발 동물이 차지하는 비율은 여전히 현저하게 적다. 그리고 새들과 공룡의 직립 자세는 아주 다르다.

대부분의 새들은 빳빳이 서고 상대적으로 짧은 꼬리를 가진다. 그들은 무게중심을 골반 훨씬 앞쪽에 가짐으로써 안정성을 유지한다. 그리고 앞쪽 무게의 중심은 대퇴골을 굽혀서 지지할 필요가 있다. 타조처럼 날지 못하게 적응한 새들은 무릎 관절 주위의 하퇴골을 회전시켜 걷는 데 필요한 힘을 만들어낸다. 알로사우루스(*Allosaurus*) 또는 벨로키랍토르(*Velociraptor*) 같은 직립 공룡은 골반 근처에 무게중심을 두어 걸을 때 전체 다리를 회전시켰다.

직립 자세로 걷는 것에 대한 의문은 인간의 진화에 대한 가장 기본적인 질문이다. 왜 두 발 보행이 더 많이 진화하지 않았는지, 우리의 독특한 자세와 걸음걸이의 진화가 크고 무거운 두뇌와 비상한 지성으로 어떻게 연관되어 있는지와 같은 중요한 수수께끼를 제시하고 있다.

나는 이 책 속에서 사람이 진화 사다리의 가장 잘 진화된 최고의 단계라기보다는 진화의 덤불에 있는 잔가지에 불과하다는 것을 강조하고 싶다. 두 발 보행의 기원에 대한 사람 화석 기록은 이제 막 우리에게 실마리를 제공하기 시작했다. 원시 인간은 유인원으로부터 갈라져 나왔고, 두 발 보행은 갖가지 형태로 존재해 왔다. 예를 들면, 2000년 케냐에서 연구하던 사람들은 케냔트로푸스 플라티옵스(*Kenyanthropus platyops*)라고 명명한 초기 사람 화석을 발견했다고 발표했다. 이 화석은 다른 초기 인간 화석과 동시대에 있었던 것처럼 보인다. 흔히 루시(Lucy)라고 알려진 유명한 인간화석이 이러한 화석에 속한다. 이 화석이 발견되기까지, 우리는 인간의 계통수(系統樹)가 하나의 큰 줄기만을 가진다고 믿었다. 보다 최근에 발견되어 논란을 일으킨 '토우매이(Toumai)'는 사하라 사막에서 나온 원시 화석이다. 몇몇 전문가들은 알려진 인간 계보들 중에 이것이 가장 초기의 모습을 나타낸다고 믿고 있다.

이 화석들을 탐사하는 것은 흥분되는 일이다. 우리는 두 발 보행이라는 반복된 주제로 약 500만 년 전에 시작된 다양한 진화의 실험들을 연구해 왔다. 대부분이 실패하고, 하나의 가지 계보만 살아남아 현재에 이르렀다. 또한 천천히 진화해서 두 발로 잘 걷게 된 초기의 우리 조상들은 미숙한 두 발 동물이 아니었다. 밝혀진 증거들은 여러 종의 무리가 갖가지 특징을 가지고 존재했다는 것을 나타낸다. 그리고 그들은 하나의 '원시'로부터 '진화'된 두 발 동물로 일직선으로 진화과정을 이루지 않았다. 직선적인 진화과정을 주장했던 우리의 편견은, 왜 두 발 보행이 되었는지에 대한 수수께끼를 해결 하는 데 있어서 심각한 미궁에 빠지도록 했다.

현재 우리가 걷는 방식은 거대한 진화의 힘이 조상들의 신체에 작용하여서 얻어진 것이다. 척추, 골반, 발, 손, 심지어 신경계와 순환계의 현재 구조는 네 발 보행에서 두 발 보행으로 전환되면서 직접 이루어졌다. 암석 속에 보존되지는 않았지만, 우리가 두 발로 서고 걸을 수 있는 능력과 동일할 정도로 중요한 다른 변화들이 우리의 행동에도 일어났다. 유인원을 닮은 우리의 조상들은 숲속에 살았으며, 나무에 오르고 과일과 잎을 먹으면서 가끔씩 고기도 먹었다. 원시 인류가 숲에서 나왔을 때, 그들은 사냥 전략, 식사, 즐겨한 보금자리, 도구의 기술에 변화들을 겪었다. 원시인류의 짝짓기 체계와 사회생활은 알려진 것이 없다. 그래도 우리는 합당한 추론을 몇 가지 찾아낼 수 있다. 그리고 이런 유인원 조상으로부터 대뇌의 용량이 아주 조금 커진 그러나 완전히 새로운 방식으로 걷게 된 인류가 되었다. 틀림없이, 사회 행동의 변화는 지적인 변화에 기여했을 것이다. 도구 기술 역시 바뀌었고, 그에 따라 이용 가능한 자원이 확대되어 갔다. 새롭게 나타난 이와 같은 인류의 모습은 여러 갈래로 변화되면서 이어져 내려왔고, 그 이어진 과정 하나하나를 밝혀내는 것은 어렵다. 우리 조상이 하나의 모습에서 다른 모습으로 천천히 변해온 퍼즐의 한 조각이 과거의 퍼즐에 난해하게 추가된 것이다.

인간이 두 발로 보행하게 된 것은 우리가 어떻게 인간이 되었는지의 연대기(年代記)와 같다. 걷는 모습이 막 변했을 때, 세상에서의 우리의 생태적 위치, 우리의 사고방식, 가능성도 같이 변했다. 이 연대기는 또한 왜 인류의 원시 무대에 대한 관점이 전통적이고 직선적인 진화과정의 관념에서보다 더 현대적인 다원적 감각으로 되어야 하는가에 대한 논쟁이다. 인간 진화에 대한 연구 논쟁은 치열하다. 그 이유는 인간의 화석은 수가 너무 적고, 또 화석 간격이 너무 멀기도 하며, 화석이 함축하고 있는 바를 이해하기 매우 어렵기 때문이다. 나는 인류를 연구하는 과학의 이론이 형성되고 깨어지는 과학의 의미와 과학적 동기를 논하면서, 인류의 조상에 관한 최근의 연구들에 대한 이해를 전달하기 위해 노력할 것이다. 이 책의 핵심 이야기는 진정한 대서사시로서, 그들은 실제로 일어난 일이기에 우리를 더욱 놀랍게 만든다.

1

첫 걸음

1924년 어느 날 남아프리카공화국 위츠와터스랜드(Witswatersrand) 대학의 해부학과 레이몬드 다트(Raymond Dart) 교수는 난처한 일에 직면했다. 남아프리카공화국의 철도회사 유니폼을 입은 두 명의 건장한 남자가 요하네스버그에 있는 그의 집으로 찾아왔다. 그들은 다트가 지난주 내내 애타게 기다리던 소중한 물건이 담긴 두 개의 커다란 나무상자를 가져왔다. 그러나 그 시점이 이 보다 나쁠 수 없었다. 이날 다트의 한 동료가 그의 집에서 결혼식을 하기 직전이었고, 이 결혼식의 들러리였던 다트는 비싼 모닝코트를 입으려 애를 쓰면서 침실의 창문에서 배달을 지켜보고 있었다.

그는 박스를 바로 열어봐야 했을까? 아니면 양복을 마저 입어야 했을까? 그는 빳빳한 옷깃을 찢고, 타웅(Taung)이라 불리는 내륙지방의 석회암 채석장의 매니저인 스파이어스 씨로부터 온 나무 상자를 배달 받으려 문으로 갔다. 욕심 많은 화석 수집가인 다트는 얼마 전 스파이어스 씨 소유의 석회암 채석장에서 중요한 화석이 발견되었다는 소식을 지질학자로부터 들었다. 스파이어스 씨는 지질학자의 요청에 따라 그 화석표본을 다트에게 운송했던 것이다. 동료의 결혼식을 먼저 진행해야 한다는 아내의 항의를 무시하고, 그는 차고에서 꺼내온 지렛대를 움켜쥐고 첫 번째 상자의 뚜껑을 열었으나 이내

실망하고 말았다. 그 나무상자에는 화석화 된 거북 껍질과, 거북 알, 그리고 알아볼 수 없게 흩어진 화석 뼈 조각들이 들어 있었다. 앞서 정보를 제공했던 지질학자는 1주 전 다트에게 화석화 되어 있는 사하라 사막 이남에서 영장류로서 최초로 기록된 멸종된 원숭이의 두개골을 보여주고 나서, 다시 흥미로운 물건을 보여주기로 약속했었다. 다트는 분명히 두 번째 상자 속에는 거북 알 보다는 좋은 화석이 있을 것이라 생각하며 뚜껑을 열었다. 그 속에서 나온 먼지투성이 물체는 두개골과 어린아이의 하악골이었다. 두개골의 해부학적 구조는 분명히 원숭이의 것은 아니었다. 그것은 인류의 기원에 대한 증거들 중에서 가장 중요한 것이었다. 결혼식이 끝난 후 다트는 암석으로부터 박혀 있던 두개골을 분리해내고는, 단 번에 이것이 유인원 화석이 아니라 새로운 인류의 조상 화석임을 깨달았다.

타웅 화석의 발견이 중요하기도 했지만 화석표본 그 자체가 가진 매우 중요한 점도 발견되었다. 두개골의 내부는 표면을 따라서 화석화되어 있어서, 개방된 두개골 내부에 존재하는 뇌의 완벽한 주형을 보존하고 있었다. 며칠 후 다트와 동료가 정성스럽게 그 두개골에서 암석질을 제거하자, 어린이 얼굴에 작은 유치가 박혀있는 입이 나타났다. 타웅(Taung) 어린이라 이름 붙인 두개골에서 나타난 치아는 크기가 일정했고, 확실히 어린아이의 이로서 비비나 침팬지의 이빨과는 확연히 다른 것이었다. 화석의 얼굴 양쪽 눈 위에는 뼈로 된 돌출부가 없었고, 유인원처럼 주둥이가 튀어나오지 않아 인간의 모습과 같은 것이었다.

몇 주 만에 다트는 관찰결과를 정리한 원고를 일류 과학저널인 네이처(Nature)에 투고했다. 그는 이 작은 두개골과 하악골을 남아프리카의 유인원 사람이라는 뜻에서 오스트랄로피테쿠스 아프리카누스(*Australopithecus africanus*)라 명명했다. 다트는 이 논문에서 타웅 화석이 언어를 사용할 줄 알았던 인간임을 강력히 주장했으며, 휴식을 취하면서 심사평과 쏟아져 들어올 찬사를 기다렸다. 1925년 2월

초, 다트의 연구결과가 출판된 즉시 네이처의 특집 논평이 4명의 영국 학자에 의해 제기되었다. 네이처는 런던에서 출판되고, 저명한 영국 학자들로 구성된 위원회에서 심사된다. 4명의 심사위원 모두 특별한 영장류 화석의 발견에 대해 다트를 칭찬하였지만, 화석이 사람의 것이라는 주장에 대해 비판적이었다. 영국 박물관의 아서 키스(Arthur Keith)는 어린 유인원의 두개골이 인간의 두개골과 닮는 경향이 있음을 지적하면서, 타웅 어린이를 인류의 족보에 포함시켜서는 안 된다고 경고했다. 이후에도 키스는 단호히 타웅 화석의 인간성에 대한 다트의 주장이 비상식적이라고 말했다. 런던대학교에서 다트의 지도교수로 다트가 해부학을 전공으로 삼도록 격려해준 그래프톤 엘리어트 스미스(Grafton Elliot Smith) 또한 타웅이 사람이라는 추정에 반대했다. 그리고 대영박물관의 또 다른 학자인 아서 스미스 우드워드(Arthur Smith Woodward)는 인류가 아프리카가 아닌 아시아에서 기원했다는 생각이 타웅 화석으로 인해 바뀔 수 없다고 말했다.

다트는 타웅 어린이 화석의 진정한 중요성이 학계에서 받아들여지기 위해서는 많은 시간이 필요함을 깨닫지 못했다. 사람들은 다트가 혼자 화석을 연구하였을 뿐 아니라 과학적 업적도 보잘 것 없는 무명의 해부학자인 다트가 결과를 매우 성급히 판단한 것으로 몰아붙였다. 또한 다트의 이야기는 네이처에 게재되기 전에 신문에 보도되면서 키스와 그의 동료들은 윤리적인 면에서 의심을 가지게 되었다. 다트의 결론에 대한 그들의 거부는 유럽 중심의 인종차별적 소견에 의존하는 것이었다. 20세기 초, 몇몇 초기 인류의 화석이 유럽이나 극동아시아에서 발견되었다. 지나치게 문화적이고 국수적인 자긍심이 어느 나라에서 초기 인류가 탄생했는지를 왜곡하고 있었다. 영국은 초기 인류가 발생한 영예를 몹시 원했다. 만약 초기 인류가 영국인이 아니라면 독일이나 프랑스인일 수 없다는 것이 영국 과학계에서 일반적인 생각이었다. 또한 인류의 기원이 검은 피부색을 가진 지적(知的)으로 뒤떨어진 사람들이 사는 아프리카에서 발견될 수는 없다고 확신하고 있었다. 회의론의 또 다른 이유는 타웅 표본 그 자체에 관한 것으로, 다트의 논문에서는 그 어린이 화석이 보통 크기의 유인원 뇌를 가지고 직립보행을 할 수 있다고 설명했는데, 이 때까지의 정설을 명백하게 부정하는 것이었다. 34년 전 젊은 네덜란드 과학자이며 화석 수집가인 유진 듀보이스(Eugene Dubois)가 다른 사람들의 주장에 반하는 호모 에렉투스(*homo erectus*) 두개골을 처음으로 발견했다. 그는 의학 학위를 얻었지만 자나 깨나 화석 생각만 하면서 지루한 나날을 보내고 있었다. 그는 해부학 교수직을 얻었지만, 그만두고 군의관 책임자로써 네덜란드령 동인도 제도의 자바로 건너가 인간의 기원에 대한 궁금증을 연구할 수 있었다. 자바는 지구상에서 사람의 화석을 찾을 수 있는 마지막으로 남은 지역임이 틀림없었다. 아시아는 우리가 지금 알고 있듯이 인류 기원지가 아니다. 게다가, 인도네시아의 열대 습기는 화석이 보존되기 어려운 조건이었다. 그러나 괴벽스러울 정도로 독립적 성격을 가진 듀보이스는 잘 견딜 수 있었다. 1888년에 인도네시아에 도착하자마자 모든 남는 시간을 화석 탐사에 보내고, 남은 돈을 모두 투자하여 연구에 사용할 장비를 빌렸다. 결국, 안식년 허가를 얻어 연구팀과 함께 화석조사에 나섰다. 수마트라에서 조사를 시작하여 자바로 이동한 후 여러 달 동안 허탕치고 난 어느 날, 그의 팀은 솔로(Solo) 강의 트리닐(Trinil) 마을 근처 강둑에서 중요한 발견을 했다. 그와 동료들은 처음 두개골을 발굴하고 나서, 진흙탕에서 다른 뼈들을 찾아 맞추었다. 그것들은 모두 현대 인류의 모습을 갖춘 것으로 보였는데, 특히 이 화석 인류의 다리뼈는 완전한 직립보행 인간이었음을 보여주었다. 고무된 듀보이스는 그 화석을 안드로피테쿠스 에렉투스(*Anthropithecus erectus*)라 명명했다. 이는 뒤에 피테칸트로푸스(*Pithecanthropus*)로 바뀌었다가 다시 호모 에렉투스(*homo erectus*)로 개명되었다.

1892년 듀보이스는 그가 발견한 내용을 세상에 발표했다. 자바인(Java man)이라 불리게 되는 화석은, 초기 문명의 대부분의 요람인 인류의 기원이 아시아의 동쪽지방이라는 견해를 확증하는 것처럼 보였다. 그 두개골은 우리의 모습과는 전혀 달랐다. 머리 위가 평평하고, 이마는 낮게 경사져 강인하고 야만적인 모습이었으나, 분명히 유인원보다 사람에 더 가까웠고, 과거에 발견되었던 어떤 화석보다도 인류의 기원을 설명하기에 좋았다. 그러나 듀보이스는 스스로 문제를 자초했다. 몇몇 학자들도 처음에는 화석이 인류의 것이라는 주장을 받아들이는 듯 했으나, 듀보이스와 동료들이 작성한 논문이 약간 엉성했고, 비평가들은 이 약점을 문제 삼아 자바인이 인류의 잃어버린 고리라는 주장을 조롱했으며, 인간화석 연구에서 듀보이스의 연구경력이 부족하다고 이의를 제기했다. 당시 민족주의 사조에 젖어있던 프랑스, 영국, 독일 학자들은 그의 발견에 대해 비판적 자세를 취했다. 다트처럼 듀보이스도 조심성 없이 연구결과를 서둘러 출판한 것이다. 듀보이스는 자신의 연구에 대해 학계에서 열정적 반응이 없자 논쟁이 될 논문을 회수했다. 다른 학자인 구스타브 슈발베(Gustav Schwalbe)는 이 두개골의 주형을 얻어 장황한 연구 논문을 작성하였는데, 한편으로는 듀보이스의 주장에 동의하면서도, 논란의 여지가 있는 그의 해석에 대해 비판을 가해 결국에는 듀보이스의 참패로 끝났다. 듀보이스의 업적은 학계에서 수용되지 못하고, 화석은 20세기 초반 10년 동안 집에 처박혀 다른 학자들조차 연구에 사용할 수 없었다. 그는 나이가 들면서 은둔생활을 했으며, 화석에 대해 그와 이야기하고 싶어 하는 방문자조차 만나기를 거부했다.

최초의 인류가 큰 뇌를 가진 네 발로 걷는 영리한 고릴라나 나무를 기어오르는 침팬지였다는 생각은 유럽학회의 일반적 믿음이었다. 그 이론은 1911년 영국 필트다운(Piltdown)이라는 자갈 채석장에서 두개골 화석이 발견되면서 널리 받아들여졌다. 주말(週末) 화석수집가인 찰스 도슨(Charles Dawson)에 의해 발견된 필트다운인(Piltdown man)은 당시 과학자들이 믿어왔던 큰 뇌를 가진 인간의 조상으로, 영국 영토에서 발굴된 것이어서 신뢰를 얻었다.

필트다운은 20세기 중반까지 인류의 계통을 연구하는 학자들에게 명예의 전당과 같았다. 처음에는 두개골과 턱뼈가 같은 생물체의 것이 아닐 수도 있다는 가능성으로 인해 혼란이 있었으나, 1917년 더 많은 뼈 조각들이 발견되어 두개골과 아래턱이 완벽하게 연결되었다. 이후 20년간 타웅 어린이 화석을 포함하여, 인류의 기원에 대한 모든 화석적 발견은 필트다운인과 비교하여 해석되었다. 영국 과학자 아서 키스(Arthur Keith) 경은 필트다운의 주요 후원자였고, 자바인과 필트다운이 유인원과 사람을 연결하는 계통이라는 생각을 발전시켰다.

그러나 종국(終局)에 가서 더 많은 화석들이 발견되면서 아프리카가 인류의 발상지이며, 두 발로 걷는 침팬지 같은 인류가 태어났다는 것이 알려지면서, 필트다운인은 비정상적인 케이스로 지적되었다. 필트다운에서 무엇인가 잘못되었다는 것은 20세기 중반에 드러났다. 화학적 방법으로 화석의 연대를 측정하는 방법이 고안되어 필트다운의 진실이 밝혀졌다. 필트다운인의 턱은 오랑우탄의 것으로, 두개골에 부착하는 부위를 절단하여 조작한 후, 현대인의 두개골이 묻혀 있는 땅속에 파 묻은 것으로 드러났다. 어떤 영리한 사기꾼이 고대 인류의 것으로 보이도록 뼈 조각에 착색을 한 뒤 한술 더 떠서, 다른 고대의 동물들의 화석화된 뼈들과 섞어 놓았던 것이었다. 그 범죄자의 신원은 입증되지 않았으며 여러 해 동안 발견자인 도슨이나 신학자이고 철학자이며 또한 아마추어 고고학자인 피에르 테야르드샤르뎅(Pierre Teilhard de Chardin)에게 혐의가 돌아갔다. 심지어 추리소설 셜록홈즈의 작가인 아서 코난 도일(Arthur Conan Doyle) 경에게 혐의가 돌아가기도 했다. 도일은 스스로를 지식인이며 과학자라고 생각했지만, 그를 단순히 소설가로 여기는 전문 과학자 집단에 의해 조롱당하고 있었던 것이었다. 그 범인이 누구였든지 간에 필트다운에 대한 믿음이 매우 강했기 때문에 대중들만 아니라 키스 자신도 쉽게 믿어버렸던 것이다.

이 수치스러운 사기극이 여러 번 이야기되고 나서도, 레이몬드 다트의 타웅 어린이 화석이 인류의 기원에 대한 진정한 증거임에도 불구하고 여러 해 동안 받아들여지지 않았다. 다트는 1930년대에 친구이자 동료인 스코틀랜드 의사 화석탐구자인 로버트 브룸(Robert Broom)이 다른 남아프리카 오스트랄로피테쿠스를 발굴하고 나서야 마침내 정당함을 인정받았다. 1988년까지 생존한 다트는 정치적으로 힘이 있던 학계의 완고한 반대자들의 견해에도 굴복하지 않았다. 1960년대 과학자들은 마침내 아프리카를 고대 인간 활동의 중심지로 인식했다. 다트는 타웅과 초기의 인류에 대한 책을 썼고, 그의 아이디어는 1960년대와 1970년대에 베스트셀러가 된 로버트 안드레이(Robert Ardrey)가 쓴 연제물의 기초가 되었다.

나는 1980년대 중반 대학원에 막 입학한 후, 뉴욕의 국립자연사박물관에서 개최되는 고대인류 박람회 개장식에 참석했다. 그곳에서는 처음으로 가장 중요한 인간 화석들이 한 곳에 전시되고 있었다. 나는 대학생 시절 다트가 일생을 걸고 탐구한 내용에 관한 책을 읽었으며, 타웅 두개골의 사진도 보았다. 이때 거대한 박물관 강당 안에서 꽤 나이가 든 작은 남자가 관중들로부터 우레 같은 박수갈채를 받으며 일어나 천천히 걸어 나왔다. 90대의 레이몬드 다트는 그 오랜 기간의 빚을 보상받는 듯 했다.

역사적인 관점에서 본 보행

진화에 관한 우리의 생각을 근원적으로 알아보기 위해서는 찰스 다윈에 대하여 살펴볼 필요가 있다. 아리스토텔레스(Aristotle)가 인간을 깃털이 없는 두 발 동물이라 하고, 또한 인간만이 가지는 도덕성과 덕행의 정신적 우월성과는 상반되게 '직립보행은 모든 습성 중에 가장 기본적인 것'으로 설명한 이후, 다윈은 직립자세에 대해 가장 설득력 있는 글을 남긴 사람이다.

다윈은 자연선택에 의한 생물의 진화학설을 수립했을 뿐만 아니라, 인류의 기원에 관해서도 광범위한 글을 쓴 바 있다. 1871년, 그는 '만약 인간이 발로 견고하게 서는 것이 손과 팔을 자유롭게 사용하는데 도움이 된다면…… 인간이 직립하여 두 발로서는 방향으로 진화되는 것이 당연한 것'이라고 했다.

다윈은 인간의 뇌를 인간성의 기준으로 삼았다. 그는 뇌, 두 발 보행, 그리고 도구 사용 등이 서로 밀접한 관계로 연결되어 있다고 믿었다. 직립하게 되면서, 우리의 손이 자유로워져 도구를 만들어 사용할 수 있게 되었는데, 이는 똑똑한 숙련공으로 진화하게 된 또 다른 계기가 되었다. 직립은 도구의 발명뿐만 아니라 무기를 제조하게 된 계기가 되었다. 사람들이 무기를 사용함으로써 그 동안 전쟁터에서 주로 살을 물어뜯는데 사용하던 예리한 송곳니 대신에 작은 치아를 가지게 되고 이는 음식물을 씹는데 활용되게 되었다. 다윈은 이러한 변화가 턱 근육의 크기와 턱 자체를 작게 함으로써 오늘날 우리가 지니고 있는 두개골의 형태로 진화했다고 주장했다. 그러나 다윈은 수 백 만년의 진화과정을 통하여 두 발 보행, 도구 사용, 그리고 뇌의 확장 등이 이루어졌다는 사실을 몰랐다. 그가 이에 관한 글을 쓸 당시에는 화석 기록이 거의 존재하지 않았으며, 화석의 연대를 확인하는 것조차 불가능했다.

우리는 일부지만 다윈이 어떻게 인류 기원에 관한 증거들을 알 수 있었는지 신기할 정도다. 유전자에 관한 것이 알려져 있지 않은 시기였다. 그러나 그가 비록 보잘것없는 약간의 지식이었지만 조심스럽고도 명석한 안목으로 인류가 어떻게 진화해왔는지 수수께끼를 풀어나갔다. 그 당시 두개골 측정 연구를 하던 대부분의 전문가들은 뇌의 크기와 지능이 비례한다고 믿고 있었지만, 다윈은 그들과 달리 뇌의 크기로 현대인의 지능을 예측한다는 것은 분명 잘못된 개념이라고 생각했다. 그는 그 당시에 유일하게 알려져 있던 네안데르탈인을 예로 들면서, 현대인에 비해 두개골이 크기 때문에 뇌의 크기 또한 크다고 보았다. 그러므로 그는 뇌의 크기가 적당한 크기로 커져 체제를 갖추게 된다고 해서 완전한 현대인이 될 수 있다고 생각하지 않았다.

독일의 유명한 진화학자 언스트 핵켈(Ernst Haeckel)은 다윈의 설명에 동의하여 직립보행이 뇌의 크기보다 더 근본적인 적응형태라는 주장에 강한 지지를 보냈다. 핵켈은 말을 못하는 유인원—인간이란 의미로 '피테칸드로푸스 알라루스(*Pithecanthropus alalus*)'란 이름을 지어 아직까지 알려있지 않은 가상의 인류 조상으로 명명했다. 듀보이스는 처음에 자바인(Java man)을 부를 때, 그 이름의 앞부분을 사용했으나, 결국 나중에 호모 에렉투스(*Homo erectus*)로 수정했다.

다윈이 두 발 보행에 관한 견해를 밝히고 난 지 약 5년 뒤, 칼 마르크스(Karl Marx)의 동료이자 사회학자인 프리드리히 엥겔스(Friedrich Engels)는 직립과 인간으로의 발달과정 사이에 본질적으로 어떤 관련성이 있는지에 대해 광범위하게 서술한 바 있다. 1896년 엥겔스는 그가 쓴 '유인원에서 인간으로 변화되는 과정에서 노동에 의해 이루어진 부분'(*The Part Played by Labour in the Transition from Ape to Men*)에서, 초기 인간은 다른 동물이 시작한 과정을 확장하고 있다고 했다. 동물들이 신체 일부를 무기나 도구로 사용하는 대신 우리 조상들은 그들 자신을 확장시키는 도구를 만들었다. 직립은 이러한 혁신을 가능하게 했다고 엥겔스는 설명했다.

엥겔스는 실제로 이러한 변화의 시기에 관해 다윈보다 더 관심을 두고 있었다. 오늘날 방사성 탄소 연대측정 분석에 의하면, 두 발 보행이 이루어진 후 수 백만 년, 그리고 최초로 석기를 사용한 이후 상당한 기간이 지나서야 비로소 인간 뇌의 급속한 확장이 시작된 것으로 나타났다. 그러나 대부분의 진화학자들은 인간 형태를 이루는데 있어 뇌의 역할의 중요성에 주로 관심을 두고 있다. 19세기 초 유명한 발생학자인 칼 본 바우어(Karl von Bauer)에서부터 20세기 초 영국의 대표적인 해부학자 그래프톤 엘리어트 스미스(Grafton Elliot Smith)에 이르기까지 진화과정에서 뇌가 핵심적인 부위로 작용했다고 인식하고 있었다. 인류의 기원에 관한 학설을 제시하던 대부분의 학자들은 뇌를 중점적으로 설명하는 경향이 뚜렷했다. 하지만 인간으로 진화하는 데는 인식, 언어 등 수많은 것들이 관련되어 있다.

하바드 의과대학의 미시아 랜도(Misia Landau)는 큰 뇌를 지닌 두 발 동물의 경우 지혜만으로 생존에 유리할 수 있음을 예견했다. 우리 조상들은 거대한 경쟁자나 자연, 즉 사나운 포식자 또는 위험한 육식동물, 혹독한 기후 등으로부터 살아남아 오늘날 인간으로 진화했다고 보고 있다. 신체적으로 보잘것없는 다윗(David)이 모든 역경을 딛고 골리앗(Goliaths)을 무찌르고 살아남은 것과 같다.

그러나 실제로 원시 인류가 물리적으로나 정신적으로 용맹하고, 매사에 적절하게 대처할 수 있는 능력이 부족했더라면, 수 백 만년 동안 그들의 유전적 계통을 이어올 수 있는 생존은 불가능했을 것이다. 오스트랄로피테신(오스트랄로피테쿠스 속에 속하는 유인원)은 현재 저자가 연구하고 있는 침팬지와 매우 유사했을 것이며, 강하고 튼튼한 동물이라 여러 서식지와 기후, 식량 공급 등에 잘 적응할 수 있었다. 오스트랄로피테신은 나무를 오르는데 재능이 있을 뿐만 아니라 걷기도 잘했고, 또한 그들은 아마도 무리를 이루어 협력하는 장점도 지니고 있었을 것이다. 돌을 던진다거나 막대기를 휘두르는 재능이 있어, 사나운 육식동물들을 효과적으로 사냥할 있었을 것으로 생각된다.

두 발 보행이 뜻하는 진화적 의미를 이해하려는 실질적인 노력은 20세기 초 무렵이 되어서야 진전이 있었다고 볼 수 있다. 아서 키스

경은 그가 필트다운(Piltdown)이 가짜로 판명되면서 곤란에 처하기 10년 전 무렵, 즉 1903년에 인간의 해부학적 근원에 대한 글을 써서 한 학술서적으로 출판했다. 키스는 야생 영장류를 해부하여 신체의 구조와 기능과의 연관성을 연구하던 여러 학자들의 중요한 전통을 존중하고 따랐다. 그의 연구로 키스는 그 당시에 놀라우리만큼 엄밀하고 현대적이라 할 수 있는 인류의 기원에 관한 견해를 발표했다. 그를 지지했던 다른 학자들처럼, 그는 동남아시아의 긴팔원숭이를 대상으로 해부 및 행동에 관한 매우 중요한 사실들을 발견했다. 그의 학설의 요지는 보잘것없는 네 발 원시 원숭이가 긴팔원숭이처럼 나무 가지에 매달려 팔로 흔들어대는 형태로 진화한 후, 다시 직립의 자세로 몇 단계의 진화적 진행 과정을 거친다는 설명이다.

고등한 유인원은 아니지만 약간의 해부학적 차이로 볼 때 다소 덜 발달한 유인원에 속하는 긴팔원숭이는 우리와 가까운 동물 중에 하나이다. 이들은 원기둥 모양의 가슴과 큰 뇌를 지니고 있으며, 꼬리가 없고 팔을 마음대로 돌릴 수 있는 해부학적인 어깨관절 구조를 하고 있다. 이러한 점들은 유인원의 특징이기도 하다. 이러한 특징은 다른 원시적인 구조와 함께 긴팔원숭이에서 볼 수 있으며, 키스와 그를 지지하는 많은 학자들은 이들 작은 유인원이 어떻게 네 발 동물에서 두 발 동물로 진화할 수 있는지를 설명해 줄 수 있는 적절한 예가 된다고 믿었다.

내가 야생 긴팔원숭이를 처음으로 관찰할 수 있게 된 것은 1980년경 방글라데시의 밀림에서 다른 영장류에 관한 연구를 수행하던 중이었다. 새벽이 막 지나는 무렵, 함성과 함께 긴팔원숭이 가족들이 노래를 하면서 수 마일에 달하는 밀림을 서로 오가는 광경을 목격했다. 이들은 자신들의 영역 내에서 마치 타잔과 같이 나무 사이를 오가며 즐거워하고 있었다. 그들이 즐겁게 노는 모습을 고개를 들어 위로 쳐다보기에는 다소 목이 아팠지만 흥미로운 광경이었다. 자연선택이 만들어낼 수 있는 놀라운 광경이었다. 그러나 팔을 흔들어대는 모습은 신속히 이동하기 위한 것이라기보다 나무 가지 밑에서 먹이를 먹기 위해 적응된 것으로 보였다. 이와 같이 적절히 발달한 긴 팔을 가진 긴팔원숭이는 가느다란 나뭇가지 끝에 열린 과일에 좀 더 잘 접근할 수 있도록 가지 밑에 매달리며 생활하게 된 것이다. 많은 해부학자들은 그와 같은 어깨 구조가 초기의 원시 두 발 조상들이 나무에서 생활하기에 보다 더 유리하다고 믿었다.

그러나 만약 키스의 생각이 옳았다면, 진화는 흥미롭게 진행되었을 것이다. 키스에 의하면, 팔로 매달리는 것은 인간과 유인원이 공통적으로 가지고 있는 중요한 특징이며, 그리고 마지막 원시 두 발 유인원은 분명 팔로 매달리는 동물이었다는 점이다. 팔로 매달리는 유인원으로부터 두 발로 걷는 사람과(hominid)의 동물로 변경되는 데는 하부 사지 부분에서만 변화가 필요하게 된다. 나무 위에서의 생활은 우리의 조상인 유인원들이 나중에 지상에서의 두 발 보행 생활을 용이하게 해준다. 키스는 20세기가 시작되어 처음 약 30년 동안은 긴팔원숭이 모델을 강력히 주장했다. 그와 극히 일부 전문가들은 오늘날 긴팔원숭이에서 볼 수 있는 해부학적 적응이 초기 원시 호미니드(사람科)의 동물에서도 나타나고 있음을 인지했다. 그러한 호미니드는 체구가 크고 침팬지와 같이 땅위를 걷는 유인원이 아니라 팔로 매달리는 동물이었다.

다른 진화학자들 중에 한 전문가 팀은 긴팔원숭이 학파에 이의를 제기하며 반대했다. 반대한 분명한 요지는 침팬지와 고릴라가 해부학적으로나 행동학적으로 인간과 더 가깝다는 것이다. 이들 전문가들은 두 발 보행을 시작하게 된 결정적인 단서가, 대형 유인원에서 더 잘 발견된다는 결론을 얻었다. 네안데르탈인의 연구가인 프랑스의 대표적인 해부학자 마셀 불(Marcel Boule)과 미국의 고생물학자 헨리 페어필드 오스본(Henry Fairfield Osborn) 등은 두 발 보행의 기원과 관련하여 침팬지 모델을 지지했다. 침팬지는 앞다리 지관절 등을 땅에 대고 걷는데(knuckle-walks), 이는 네 발로 걷던 형태가 변형된 것이다. 큰 체구에 체중을 실어서 걷는 이러한 형태의 보행은 유인원들을 근원적으로 나무에서 벗어나게 하는 결과를 가져왔다. 침팬지가 우리와 매우 닮은 점 외에도 이와 같은 보행 형태를 갖는 것은 진화학자들이 너클 보행(knuckle-walking) 학파를 지지하는 데에 설득력을 주고 있다. 이러한 주장을 하는 학파를 흔히 '침팬지 학파'(troglodytian school)라고 부르는데, 이는 침팬지의 학명인 팬 트로글로다이츠(*Pan troglodytes*)에서 유래한 말이다. 너클 보행 모델은 20세기 중반까지 지배적이었다. 영국의 해부학자 윌리엄 르 그로스 클락(William Le Gros Clark)은 이러한 모델을 채택하여 강의 중에 예를 들어 설명하면서 다른 사람들을 설득했다. 그 시기에 키스 자신은 팔로 매달리는 모델을 포기하고 너클 보행 모델을 선호하게 되었다.

1940년경, 한 젊은 인류학자이자 해부학자인 쉐우드 워시번(Sherwood Washburn)이 논쟁의 대열에 끼게 되었다. 워시번은 하버드에 있는 어니스트 후텐스(Earnest Hooten's)에 재학 중에 너클 보행 모델을 선호하는데 있어 하나의 큰 오류가 있음을 발견했다. 워시번은 1930년경, 이러한 생각이 계기가 되어 대학원생 때 동남아시아에 있는 야생 영장류들을 조사하기 위한 원정탐험대의 보조 연구원으로 참가하게 되었다. 그의 지도 교수는 야생 영장류의 행동과 특히 영장류의 몸이 야생에서 어떻게 기능하는지에 관하여 좀 더 자세히 알고자 했는데(후텐에서 처음으로 보노보, 또는 피그미침팬지에 대해 과학적인 기재를 했다), 왜냐 하면 인류학자들은 인간과 유인원간의 비교해부학적 특성을 이해할 수 있는 정보를 얻고자 했기 때문이다.

워시번의 목표는 현장에서 직접 해부하여 영장류의 몸이 어떻게 우림에서 생활할 수 있도록 적응되었는지를 이해하는 것이었다. 태국인 현장 보조원들이 매일 탄흔이 남아있는 12마리씩의 긴팔원숭이 시체를 캠프로 가져왔으며, 워시번은 이들 유인원을 해부하여 어깨 관절, 손, 그리고 다리 부분을 연구했다. 오늘날 기준으로 볼 때 끔찍한 일이기는 하나, 이러한 현장 해부는 워시번으로 하여금 영장류 신체부위의 기능적인 관점에서 영장류의 진화를 공부하던 이전의 일부 학생들에 비해 더 실질적인 경험을 할 수 있게 된 것이다. 예컨대, 그는 어떻게 긴팔원숭이가 밀림 속에서 자유롭게 팔을 회전하며 활동할 수 있는지를 어깨 관절 구조를 통해 이해할 수 있었다. 워시번의 이러한 현장 경험과 예리한 안목은 그를 진화 인류학 분야에서 최고의 위치에 서게 했다. 그는 인류의 기원에 관하여 너클보행 학설을 가장 두드러지게 지지하는 학자가 되었다. 일반적인 유인원의 해부학적 견지에서 볼 때, 워시번은 이들 동물이 자연선택에 의해 쉽게 직립 형태로 전환될 수 있음을 보았다. 도구나 다른 물체를 지니고, 또한 일정한 장소에서 다른 장소로 이동하기 위해서는 원시 사람과에 속하는 우리의 직접적인 조상들이 너클 보행으로 이동해야만 하는 광경을 보게 된 것이다. 워시번은 너클 보행 학설의 대표적인 전도사인 동시에 현대 진화인류학 분야의 최고참이기도 하다. 기능성 해부학, 유전학, 그리고 생태학 등과 같은 학문이 출현함에 따라 워시번은 1950년경부터 1960년경 동안 새로운 과학 분야를 탄생시켰는데, 예를 들면 체질 인류학(physical anthropology), 즉 오늘날 생물학적 인류학(biological anthropology)에 해당하는 학문을 발달시켰다. 그리하여 그는 자신의 세계관으로 10여명의 학생들을 지도하여 이들이 초기 원시 인간의 행동을 이해하는 길잡이 역할을 하도록, 원숭이와 유인원을 연구하는 최초의 인류학자들을 배출했다.

아직까지도 우리 인류의 기원에 관한 논쟁이 지속되고 있다. 워시번이 너클 보행에 관한 증거 화석이 발견되기를 강렬히 희망하고 있음에도 불구하고, 아직까지 다른 유명 과학자들은 우리의 원시 조상들 중에 너클 보행을 했다는 증거를 거의 찾지 못하고 있다. 예컨대, 워시번 이전의 학생이었으며 지금은 유명한 시카코 대학의 인류학자인 러셀 터틀(Russell Tuttle)은 1960년경에 다양한 유인원 종들의 손을 광범위하게 연구한 결과 너클 보행 학설을 지지할만한 증거를 아무 것도 찾지 못했다. 그는 나무에 기어오르거나 팔로 매달리는 형태가 최근에 나타난 것이라고 강력히 주장했다.

지상에서 생활하거나 나무에 오르며 살아가는 유인원은 모두 우리의 조상이지만 그 기원에 대해서는 잘 모르고 있다. 하지만 이는 매우 중요하다. 우리의 조상(유인원)들을 통하여 우리가 누구이며 우리의 과거가 어떠했는지를 알 수 있기 때문이다. 인류의 기원과 두 발 보행의 출현에 관한 논쟁은 아직도 발견되지 않은 화석이 발견되면 그러한 화석의 해석으로 해결될 수 있겠지만, 우리의 두 발 보행의 기원을 이해하기에는 아직까지 자료가 부족하다. 이와 같은 수수께끼의 첫 단추를 풀기 시작하려면 무엇보다 유인원의 생활과 행동을 이해해야 한다.

2

너클 보행

날씨는 탈 정도로 뜨거웠다. 황금빛 풀밭은 타는 냄새가 나고, 머리위의 야자수 잎은 축 늘어져 있는데, 나는 교통마비 한 가운데 있다. 지금 나는 LA의 고속도로에 있는 것이 아니라 탄자니아의 초원 언덕을 휘감아 오르는 좁은 먼지 길에 있다. 내 앞으로 튀어나와 길을 막고 선 것은 언덕 위에 높이 자라 길게 늘어선 과일나무로 달려들고 있는 먹이를 찾는 침팬지 무리이다. 언덕은 아주 가팔라서 한 줄로 올라가는 마지막 침팬지의 엉덩이가 바로 내 얼굴 높이에 와 있다. 산마루에 도착하였을 때, 나는 숨을 몰아쉬면서 그들이 좀 쉬어주기를 간절히 기원했다. 침팬지들이 어려운 길을 택하여 언덕 위로 올라간다면 몇 놈은 놓쳐버릴 지도 모른다. 높은 언덕에만 자라는 우파카(*Uapaca*)라는 과일나무의 새싹들을 포식하는 침팬지가 있다. 다행스럽게 우리는 우파카를 발견할 수 있는 언덕 꼭대기에 도착하여 한시름 놓을 수 있게 되었다. 이는 유인원에게나 이들을 쫓는 연구자에게나 긴 여정이다. 이 여정은 우파카가 익어가기 시작하는 긴 건조기의 끝인 8월과 9월에 치러지는 연중행사다. 우리는 볼드 소코(Bald Soko)라는 초원 꼭대기에 앉아있다. 이 볼드 소코는 제인 구달(Jane Goodall)이 이곳 곰베 국립공원(Gombe National Park)에서 연구할 때 머리가 벗어진 침팬지를 닮았다고 하여 붙인 이름이다.

한 시간쯤 먹이를 먹고 났을 때 쯤, 나는 숨을 죽이고 저 멀리 탕가니카 호수(Lake Tanganyika)의 청록색 얼룩 장관에 넋을 잃고 있었다. 이때 침팬지들은 다시 이동하기 시작하였다. 이들은 인간들이 밀림을 사이로 만든 오솔길을 무시한 채 머리를 내밀고 남쪽으로 이동하기 시작하였다. 원숭이들은 가시덤불에 찢기지도 않고 잘 빠져나가지만, 나는 가시덤불에 걸리고 주르르 미끄러지고 한다.

한낮이 되었을 즈음 우리는 2마일 가량 여행했다. 오늘은 침팬지들이 긴 여행을 하는 날인 모양이다. 이런 날은 이들을 쫓아가는 연구자들에게 고약한 하루이다. 침팬지의 너클 보행(지관절(指關節) 보행—앞다리의 지관절을 땅에 대고 걷는 걸음)은 뒤따르는 내 걸음과 비슷하다. 차이라면 그들은 고통스럽도록 가파른 언덕에서도 걸음걸이를 바꾸지 않는데 비해, 나는 기어서 천천히 갈 수밖에 없는 것이

암컷 침팬지가 딸을 데리고 너클 보행으로 걷고 있다.

다. 또 다른 차이점은 오늘처럼 먼 거리를 하루 이틀 여행하고 나면, 침팬지들은 보통 하루 이틀은 여행을 조금밖에 하지 않고 과일 나무에서 빈둥거리며 다음 나무를 찾으려고 에너지를 소비하지 않는다. 나는 이를 수마일이나 걷는 침팬지의 너클 보행 탓이라 생각했다. 직립보행을 해야 하는 나의 단점은 가시덤불을 쉽게 빠져나가기에는 키가 침팬지보다 몇 피트 더 큰데 있다.

오후 늦게 침팬지들은 그들의 세력권 남단에 도달했다. 남부 침팬지 집단의 세력권을 벗어나면 양쪽 집단이 서로 자기 것이라고 주장하는, 침팬지가 없는 곳이 나타난다. 이는 언제라도 복병이 나타날 수 있음을 의미한다. 그러나 침팬지들은 수컷을 앞세우고 일렬종대로 계속 나아갔다. 짐작으로 온종일 우리는 5마일 가까이 왔다. 침팬지들은 마침내 탕가니카 호수에 도달한 다음, 뒤돌아서 그들의 본 세력권으로 향하였으며, 거기서 잠자리에 들었다.

아프리카의 침팬지들과 고릴라들은 많은 밀림에서 매일 수 마일씩 여행을 하며 비슷한 방식으로 생활한다. 한 팔을 앞으로 내어 뻗는 동시에, 앞으로 당기면서 짧은 다리들을 뻗어 몸을 앞으로 민다. 그들이 이렇게 하는 것을 지켜보면, 나무 사이에서 그네를 타는 흔한 그들의 이미지와 너무나 다르게, 여행을 잘 한다는 시각을 가지게 된다. 또한 이들을 관찰하노라면 우리가 화석 기록만 연구하여서 얻을 수 있는 인류의 뿌리에 대해서도 훨씬 좋은 시각을 얻을 수 있다.

원숭이(monkey)와 유인원(ape)들 간의 체계상 기본적인 차이는 그들의 몸을 설계하고 있는 동작의 범위에 있다. 원숭이에 대한 우리의 이미지는 나무 사이에서 그네를 타는 것이지만, 그들은 실제로 그렇게 하지 않는다. 그 대신 원숭이들은 나무 가지 위에서 네 다리로 달리며, 다른 나무의 가지들 사이에서는 점프를 한다. 비비(baboon)처럼 대부분 시간을 땅 위에서 지내는 원숭이들은 똑같은 기술로 평지에서 수 시간 동안 걷고 달린다. 비비 또는 버빗(동남부 아프리카 산(産)의 긴꼬리원숭이 일종) 원숭이의 골격을 보면 두개골 뒤쪽 모든 부분이 개 또는 고양이와 분명히 닮아 있음을 알 수 있다. 몸통과 흉곽은 깊고 좁으며 어깨뼈는 몸의 갑주 조각처럼 위쪽 팔을 덮고 있다. 그리고 유인원과 달리 원숭이들은 손바닥과 발바닥이 평평하게 걷는다.

유인원의 몸 구조는 완전히 다르다. 유인원의 흉곽은 술통 모양이며, 어깨뼈는 팔의 뒤쪽으로 밀려서 어깨 뒤에 평평하게 놓여 있다. 그래서 팔은 어깨로부터 방해를 받지 않는다. 여기에서 상박의 긴 뼈인 상완골이 어깨와 맞닿으며, 복합관절과 인대 주머니가 팔로 하여금 완전한 회전 동작이 가능하게 한다. 모든 현대 유인원들은 회전 어깨를 가지고 있어서 한 팔로 그네를 타고 다른 팔로 나뭇가지를 잡을 수 있다. 이는 그들의 비교적 큰 뇌, 심장 흉곽 그리고 꼬리가 없다는 특징과 더불어 유인원이 원숭이로부터 구분되는 점이다. 인간과 유인원 사이의 차이보다 유인원과 원숭이가 더 많은 부

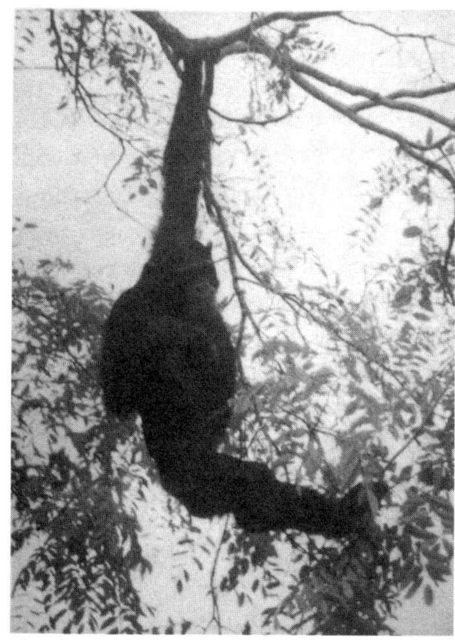

우리의 어깨가 회전을 할 수 있는 것은 어깨가 유인원들로 하여금 한 팔로 나뭇가지에 매달린 채 다른 팔로 다른 나뭇가지의 먹이를 먹을 수 있도록 만들었기 때문이다.

분에서 차이가 난다. 다음에 동물원이나 텔레비전에서 침팬지를 보게 되었을 때 무심코 원숭이(monkey)라고 한다면, 이는 자신의 인간 친구를 유인원이라고 부르는 것보다 더 심하게 유인원에게 모욕적이란 것을 생각해보기 바란다.

운동선수들은 유인원의 조상에서 진화된 회전 어깨로 높은 철봉에서 회전을 하고, 로저 클레멘스(Roger Clemens)처럼 시속 90마일로 빠른 볼을 던질 수 있게 되었다. 모든 만화의 묘사와는 전혀 다르게, 회전 어깨는 주로 높은 나뭇가지 사이를 쉽게 이동하기 위하여 디자인된 것이 아니다. 이는 대부분의 열매들이 수관에 있는 잔가지들의 끝에서 먼저 익기 때문에 유인원으로 하여금 유리한 위치인 나뭇가지 밑에 매달릴 수 있게 한 것이다. 배고픈 유인원이 아래쪽에서부터 나뭇가지를 타고가면 나무는 휘기는 하여도 부러지지는 않으면서 동물이 가지의 끝까지 닿을 수 있게 해준다.

그러나 대부분 유인원들은 나무 꼭대기에서 여행하는 데는 비교적 적은 시간을 소비한다. 세 종류의 아프리카 유인원인 침팬지, 피그미침팬지(bonobo), 및 고릴라는 한 장소에서 다른 장소로 여행할 때 밀림의 바닥에서 너클 보행을 한다. 고릴라는 몸의 앞부분을 엉덩이와 하반신에서 상당히 위쪽으로 올린 채 서서, 체중을 큰 어깨와 팔에 의지한다. 손으로 땅을 짚고, 네 손가락은 손바닥 아래로 구부려진다. 땅에 닿는 손의 부분은 유일하게 두 번째 줄의 손가락 관절(指關節)이다. 너클 보행을 하는 동안 손이 주저앉거나 지나치게 앞으로 나아가는 것을 방지하기 위하여, 손목관절에서 끝나는 유인원들의 요골(橈骨)의 끝은 손목의 구부림을 제한하는 융기부를 가지고 있다. 때문에 너클 보행을 할 때, 손이 더욱 안정된다. 이것이 실제로 유인원의 손목에 제동 메커니즘을 만든다.

유인원의 조상들

유인원들이 반드시 너클 보행자였던 것은 아니다. 약 2,000만 년 전 세계적인 가뭄과 빙하기가 다가오면서 아프리카의 밀림이 밀려나기 시작할 때 최초로 유인원이 나타났다. 동부 아프리카의 대초원(savanna)이 아프리카의 열대 우림지역으로 파고들기 시작할 때, 유인원들은 많은 생태적 지위(niches)로 다양화되면서 빠르게 그들의 경쟁자인 원숭이들을 정복하였다. 1,800만 년 전에 아프리카의 밀림을 순회했더라면, 밀림의 영장류는 오늘날 동일한 장소에서 발견되는 것들과 큰 차이가 있었을 것이다. 당시는 유인원들의 황금기였다. 그들은 다양성과 광범위한 고대 서식지에 있어서 원숭이들을 엄청난 숫자로 능가하였다.

어찌되었건, 여러분은 이들 영장류를 유인원으로 알아보지 못하였을 것이다. 어떤 것들은 3~4 파운드에 불과할 정도로 작았다. 가장 초기의 유인원들은 너클 보행을 하지 않았으며 팔로 매달리지도 않았을 것이다. 그들은 원숭이들처럼 손과 발바닥으로 평행 보행을 했을 것이다. 거의 2,000만 년의 자연선택이 결정적인 관절, 인대 및 내부 장기에 이르기까지 그들의 체계를 상당히 재배치시켰다. 과학자들은 현대 침팬지와 고릴라의 조상을 동정하기 위하여 화석화된 유인원의 치아를 사용한다. 모든 아프리카 및 아시아의 원숭이들은 똑같은 치아 패턴을 가지고 있다. 각각의 어금니는 이들 유인원에서만 발견되는 특징으로, 한 쌍의 나란한 높은 융기(骨櫛)로 덮여 있다. 이것들은 잎이 많은 식물들을 씹는데 도움이 될 것이다. 사멸된 유인원의 어금니 위에는 이들 융기가 없으며, 현대 유인원 또는 우리와 같은 사람의 어금니와 훨씬 비슷하다. 치과의사들이 소위 첨두(尖頭)라고 하는 다섯 개의 융기는 Y자 모양으로 만들어진 열구(裂溝)에 의해 서로 연결되어 있다. 이 치열은 어떤 유인원이건 틀림없는 특징이며, 손과 발의 모양과 무관하다. 소위 최초의 치과적 유인원들은 흔한 원숭이들처럼 땅에서 손과 발로 평행 보행을 했다.

우리는 너클 보행이 단 한 번에 진화되어 광범위한 종류의 거대 유인원 조상의 자세와 스타일이 되었다고 생각한다. 단 한번이라는 가정은 비판자가 적은데, 이는 흔히 말하는 오캄의 법칙(Occam's Law) 또는 파시모니의 법칙(Law of Parsimony 극도의 절약법칙)에 근거를 둔 것이다. 두 발 보행은 동물계에서 하나의 희귀한 해부학적 형질이기 때문에, 동일 계열에서 독립적으로 두 번 진화하였다는 것은 번개가 한집에 두 번 치는 것과 마찬가지라고 할 수 있다. 직립 자세의 흔적을 보이는 모든 연관된 화석들의 배열로 보았을 때, 이 유사성이란 것이 공통된 진화의 역사의 결과이지, 동일한 바퀴가 두 번 발명된 것이 아니라는 주장이 훨씬 더 잘 맞는다. 물론 한 번 벼락을 맞은 집에서 산다면, 이것이 천둥을 수반한 폭풍우에 안심해도 된다는 논리의 전개는 아닐 것이다. 각각의 뇌우(雷雨)와 각 진화의 장(場)은 우리의 역사에서 유일무이하며, 단지 매혹적인 사고만이 우리를 달리 설득할 수 있다. 이와 같은 두 번째 번개가 한 번 친 것이 오레오피테쿠스(*Oreopithecus*)일 것이며 이는 나중에 설명할 것이다.

치과적 유인원으로 가장 잘 알려진 것은 프로콘술(*Proconsul*)이라는 생명체이며, 이는 레이몬드 다트가 타웅 어린이를 발견한 3년 뒤에 케냐에서 발견된 것이다. 이 화석은 콘솔(Consul)에서 이름을 땄다. 콘솔은 개를 로버(Rover)라고 하듯, 당시에 곡예를 하는 침팬지에 대한 보통 이름이었다. 실제로 유사한 종들의 집단인 프로콘솔은 2,000만 년에서 1,700만 년 전에 아프리카 밀림의 나무에서 살던 중간 정도 크기의 유인원이다. 다른 치과적 유인원처럼 이들도 그다지 유인원 같지 않았다. 여러분들이 프로콘술이 동물원에서 뛰어다니는 것을 보았다면 아마도 그놈을 원숭이라고 오해했을 것이다. 프로콘술은 너클 보행도 하지 않고, 현대의 침팬지처럼 민첩하게 나무를 기어 올라가지도 않았다. 최근까지도 프로콘술은 우리 자신의 진화 역사에서 알려진 위치에 자리하고 있었으며, 유인원과 인간의 최후의 공동 조상이라고 생각되고 있었다.

1932년 예일대학 조지 에드워드 루이스(George Edward Lewis)라는 대학원생이 다트가 챔피언이 되기 시작했던 아프리카 요람으로부터 멀리 떨어진 곳에서 인간의 화석을 찾고 있었다. 루이스는 지금의 파키스탄인 북부 영국령 인디아(British India)의 언덕에서 일하고 있었으며, 거기에서 매우 원시적인 유인원—인간의 깨어진 위턱 조각을 발견하였다(일부 사람들은 루이스가 실제로는 그 턱을 지역 화석상에서 산 것이라고 한다). 그 턱에는 몇 개의 작은 치아가 남아 있었는데 모두 좀 작은 편이며, 에나멜질이 두꺼운 어금니로 약 1,500만 년 전 것으로 추정된다. 루이스는 이 표본에 힌두 서사시 라마야나(Ramayana)의 주인공을 따서 라마피테쿠스(*Ramapithecus*)라는 경칭을 부여 하였다.

이 화석은 지독한 분석을 거쳤다. 루이스는 뼈 조각을 호미니드(hominid; 사람과(科)의 동물)로 해석하여 동료들을 깜짝 놀라도록 했다. 그는 그 화석을 30여 년 간 수집해오고 있는 예일에 있는 피바디 박물관(Peabody Museum)의 서랍에 예탁했다. 1960년대 초반 예일의 다른 화석 전문가인 엘윈 시몬(Elwyn Simon)은 라마피테쿠스에 대한 흥미를 다시 일으켰다. 그와 그의 대학원생인 데이비드 필빔(David Pilbeam)은 라마피테쿠스 표본을 연구하여, 아무것도 없이 턱 조각의 단편에 지나지 않는 이 뼈 조각을 현대 인류의 직접적인 조상이라고 결론하였다. 다른 전문가들의 뜨거운 논쟁에도 불구하고, 이후 십오 년 동안 아무런 증거도 없이 이들 양자는 그 화석에 대하여 인간 지위를 주장했다. 당시에 라마피테쿠스는 루시(Lucy)였으며 [모든 초기 인류화석의 로제타스톤(Rosetta stone)], 교과서에는 직립보행하면서 원시 도구를 나르는 양 묘사되었다.

시몬과 필빔에게는 불행하게도, 비교적 비슷한 시기에 생화학자들

1,800만 년 전 케냐의 밀림에는 다양한 유인원이 살고 있었다. 위 부분 왼편과 땅바닥에 있는 유인원은 2종의 프로콘술을 묘사한 것이다.

은 인간, 침팬지 및 기타 영장류 친족들 사이에 면역학적 거리의 정도를 측정할 검사를 개발하고 있었다. 더욱이 버클리에 있는 캘리포니아 대학의 빈센트 사리크(Vincent Sarich)와 앨랜 윌슨(Alan Wilson)은 1967년에 현대 유인원과 우리 인간 간의 분기(分岐) 시점을 확정하는 면역학적 계기(計器)를 고안했다고 발표했다. 그 시점은 단지 500만 년 전이었으며, 당시의 통상적인 지식과 비교하여 놀라울 정도로 최근이었다. 뿐만 아니라 라마피테쿠스 화석이 직접적인 인류의 조상이었다고 하기에는 너무나 최근이었다. 실제로 사리크는 라마피테쿠스가 직립보행자일 수 없었기 때문에 인류일 가능성은 없는 것으로 딱 잘라 선언하였다.

사리크와 윌슨은 당초에는 고생물학계를 격노케 했지만, 나중에는 특히 필빔 자신이 파키스탄에서 인간이기보다는 유인원에 분명히 더 가까운 라마피테쿠스의 표본들을 발굴했을 때는 사리크와 윌슨의 견해를 인정하게 되었다. 오늘날에는 라마피테쿠스와 그것에 가까운 친족인 시바피테쿠스(*Sivapithecus*)를 현대 오랑우탄까지도 포함하는 후기 아시아의 거대 유인원으로 생각하고 있다.

고인류학자인 일리노이대학의 다니엘 게보(Daniel Gebo)와 보스턴 대학의 로라 맥래치(Laura MacLatchy)는 1977년 또 다른 화석 유인원을 동정했으며, 이어서 수년간이나 박물관 서랍에 잠자고 있던 우간다에서 발굴된 화석의 단편들을 재조사했다. 이 연구자들은 또한 같은 지역에서 1994년에 발굴된 화석들을 분석한 다음, 우간다에서 발굴된 단편들의 중요성을 인식하였다. 이들은 이 표본을 모로토피테쿠스(*Morotopithecus bishopi*)라고 명명했다. 이 단편들은 치과적 유인원에는 없는 팔이 달린 어깨 장치 즉, 2,000만 년 전에 살았던 침팬지와 유사한 유인원이라는 증거를 가지고 있었다. 모로토피테쿠스는 적어도 지금으로서는 유인원과 인류 모두의 마지막 공동 조상으로 보인다.

이후의 화석 유인원들은 기어오르는 네 발 동물에서 팔로 매달리는 동물로 전환되기 시작했다. 인류학 대학원생 세대에서 '쿠키 몬스터'라는 애칭이 주어진 1,000만 년 전의 오레오피테쿠스(*Oreopithecus*)와 같은 것이 발견되기도 했다. 오레오피테쿠스는 지중해 지역의 유인원으로 침팬지와 유사하게 팔로 매달리는 어깨의 해부학적 특성을 가지고 있었다. 이와 관련된 화석 유인원인 드리오피테쿠스(*Dryopithecus*)는 최근에 바르셀로나 가까이에서 발견되었으며 동일한 특징을 가지고 있는 것으로 보인다. 1,200만 년에서 500만 년 전 사이에는 유인원이나 사람류에 대한 좋은 화석 표본이 거의 없다. 남은 것이라곤 주로 치아와 턱이라서, 이들의 운동에 대한 증거가 되지 못하고 있다. 그래서 많은 연구자들은 현대 유인원이 손과 발로 할 수 있고, 할 수 없는 동작에 근거한 모델 연구로 돌아가고 있다. 그러나 이 방법으로도 문제가 완전히 해결된 것은 아니다.

발견된 무수한 화석 유인원들 중에 너클 보행자가 있지만 그 외에도 다른 한 가지 장점이 특히 주목된다. 1930년대 화석 탐구가인 랄프 폰 쾨니스발트(Ralph von Koenigswald)는 화석 인류의 증거를 찾기 위하여 중국에서 인도네시아에 이르기까지 동부 아시아를 조

생존 시에 움직였을 골격구조를 나타낸 화석 유인원

사했다. 폰 쾨니스발트는 야외 발굴부터 약종상(藥種商)까지 조사했는데, 그 이유는 아시아 사람들이 흔히 여러 가지 동물들의 뼈의 힘을 믿는 전통적인 신앙에 집착하여 이를 갈아서 약으로 먹거나 최음제로 이용하기 때문이다. 폰 쾨니스발트의 팔꿈치는 1935년 필리핀에 있는 약종상에서 구매했다. 그는 몇 개의 인간 유사한 치아를 구매하고 그 다음 홍콩에서 수백 개를 더 발견했다. 이 수집에서 그는 과학계에는 알려지지 않는 유인원 또는 인종의 것으로 보이는 하나의 거대한 어금니를 발견했다. 그는 이 어금니를 가진 동물을 기간토피테쿠스(*Gigantopithecus*)라고 명명했다. 어금니의 크기로 보아 이 동물은 은빛산고릴라(silverback mountain gorilla) 크기의 두 배는 되며, 체중은 700파운드 이상이었다. 다트의 타웅 어린이에 대한 조소가 널리 퍼지기 시작할 즈음, 기간토피테쿠스는 사람들에게 한동안 단지 치아에 대한 근거로 인간의 직접적인 조상일 것이라고 받아들여지고 있었다. 더욱이 십여 년 동안 이루어진 전 아시아 지역 몇몇 발굴에서 이 거대 영장류의 잔해가 발견되었으며, 기간토피테쿠스의 동정이 점차 명백해졌다. 한 종이 아니라 몇몇 종의 거대 유인원이 조상에서 분지한 방계로 진화해서 마침내 멸종되었다. 그러나 일부 사람들은 기간토피테쿠스를 오래전에 현대 인간과 기간토피테쿠스의 초기 세대들 간의 조우(遭遇)에서 생겨난 아시아의 (히말라야 산맥의) 설인(雪人) 또는 눈사람에 대한 전설이나 북태평양 빅풋(Bigfoot)에서 유래했을 것이라고 믿었다.

손목의 작용

여러분들은 논리적으로 사지로 걷는 것이 수직으로 나무에 기어오르는 것보다는 직립보행에 대하여 바로 전단계라고 생각할 것이지만, 대부분의 연구자들은 이를 그 반대로 생각한다. 나무에 기어오르는 것에 숙련된 동물이 되려면 나중에 두 발 보행으로 전환할 것에 대비하여 몸을 사전 적응시켜야 한다. 기어오르는 데는 다리보다는 긴 팔이 필요하며, 몸통은 수직 자세를 취할 수 있어야 한다. 또한 쥐어 잡는 손과 긴 굽은 발가락이 필요하다. 그 중에도 습관적으로 기어오르는 동물은 나무를 올라갈 때 여러 차원으로 몸을 움직일 수 있어야 한다. 기어오르는 동물은 힘이 세면서도 고도로 운동성이 있는 관절과, 팔 동작을 마음대로 할 수 있는 어깨를 가지고 있어야 한다. 평지에서 달리거나 걸으면서 생활하는 동물은 팔을 빠르게 반 바퀴 휘두르는 동안 팔을 잡아줄 어깨 관절만 있으면 된다.

1970년대 발행된 논문들에서 스토니부룩에 있는 뉴욕주립대학의 해부학자인 잭 스턴(Jack Stern)과 그의 동료연구자들은 유사성으로 보아 나무에서 직립 기어오르기 자세를 취할 수 있는 조상에게서 유인원과 인간 신체의 중간인 흉곽과 위쪽 사지가 유래했 것이라는 설득력 있는 논의를 했다. 이것이 키스(Keith)의 팔 달림 학설(arm-hanging theory)의 현대 개정편이 되었다. 스턴은 직립 기어오르기를 하는 유인원은 땅바닥에서도 직립보행하도록 사전조치가 되어 있다고 서술했다. 유인원의 긴 팔은 땅에서 빙글빙글 돌리는 것으로는 무용지물이며, 그렇다면 자연선택이 일어난 논리적인 과정은 팔에 아무런 역할을 부여하지 않는 것이다. 나중에 스턴과 그의 동료인 존 프리글(John Fleagle)은 키스가 말한, 유인원과 인간의 팔은 매달리는데 쓰인다는 것과, 앞다리의 특징은 기어오르는데 적응한 것이라고 보는 것이 더 적절하다고 주장했다.

이 논쟁은 고대의 유인원이 어떻게 걸었는가 하는 단서에 대하여 발보다는 손에 일부 연구자들의 관심이 모아지게 했다. 특이적인 유인원의 손목이 쟁점의 중심이 되었다. 유인원과 인간의 손목 골격 특성이 오랫동안 팔로 매달리는 조상에 대한 증거로 해석되어 왔으며, 이것이 키스의 고전 학설을 지지하였다. 그러나 프리글과 그의 동료연구자들은 이에 동의하지 않았는데, 그 이유는 침팬지는 긴팔원숭이(gibbon)보다 훨씬 더 땅바닥을 잘 걷지만 손목은 팔로 매달리는데 더 잘 적응되어 있었기 때문이다. 프리글과 워싱턴대학의 글렌 콘로이(Glenn Conroy)는 이것이 너클 보행 조상이 최초의 두 발 동물임을 암시하는 것으로 생각했다.

그러나 북부일리노이대학의 다니엘 게보(Daniel Gebo)는 팔로 매달리기가 두 발 자세로 가게 하였다는 키스의 아이디어를 뒷받침하는 다른 견해를 제시했다. 게보는 직립 기어오르기에 대한 증거가 두 발 동물이 생겨나기 전인 2,500만 년 전 구세계(Old World)의 원숭이 화석 기록에 나타나고 있음을 지적했다. 그는 현대 영장류가 나무에서 어떻게 이동하는지에 대한 자신의 연구에 기초하여, 최초의 유인원은 아마도 네 다리로 기어오르는 것에서 팔로 매달리는 종들로 진화했을 것이라고 결론지었다. 이렇게 매달리기를 하던 것들이 나중에 너클 보행자로 진화하여, 나무에서도 땅에서도 민첩하게 되었으며 나중에 직립보행을 하게 되었다. 게보는 침팬지와 인간 손목의 공통적인 특색에 대하여 땅바닥 걷기 단계가 직립보행에 바로 앞선다는 것을 의미하는 중력(重力) 감당 적응의 증거를 볼 수 있었다.

짧게 말하면, 우리 모두를 태어나게 한 조상 유인원은 인간 계열에서 나뉘어진 다음에 나무에서 살면서 너클 보행에 적응하였거나, 또는 나무에서 내려와 나누어지기 이전에 너클 보행을 하였을 것이다. 우리의 직계 조상에서 너클 보행 단계에 대한 견해는 2000년 조지워싱턴대학의 두 인류학자 브라이언 리치몬드(Brian Richmond)와 데이비드 스트레이트(David Strait)로부터 큰 활력을 얻게 되었다. 이들은 초기 사람류의 손목을 관찰하고, 아래팔의 요골의 끝에서 침팬지나 고릴라의 소목 뼈에 존재하는 손목 잠금 메커니즘의 자취를 발견하였다. 유인원의 요골은 손목으로 뻗으면서 그 표면으로부터 골질의 융기가 불끈 솟아 있다. 이 융기는 요골의 끝에 있는 고랑에 의해 형성된 각과 결합하여 위치가 고정됨으로서 유인원의 손목의 신장을 억제한다. 리치몬드와 스트레이트는 이것이 최초 인간의 마지막 조상이 너클 보행자였다는 강력한 증거라고 생각했다.

리치몬드와 스트레이트의 대담한 주장이 증명된다면 1940년대 쉘우드 와쉬번(Sherwood Washburn)의 말이 메아리치게 될 것이며, 우리가 어떻게 하여 인간이 되었는가에 대한 지난 반세기의 정설은 뒤집히게 된다. 그러나 이 연구에 대하여 일부 심각한 비방자가 없는 것은 아니며, 그들은 새로운 연구자들의 연구방법을 비판하고 있다. 그 연구자들은 자신들이 사용한 손목의 다섯 가지 골격 특징을 비디오 장치로 기록하였으며, 이 특징들 중 일부는 정밀기구를 사용하기보다는 시각적 분석 쪽으로 방향을 바꾸었다. 더욱이 이런 결론은 초기 사람류 손목에 대한 단 두 개의 표본에 근거를 두고 있으며, 그중 하나는 그 유명한 루시(Lucy) 화석 표본이다. 루시 손목 측정은 다른 사람들 것도 마찬가지이지만, 실제로 리치몬드와 스트레이트의 쟁점을 지지하지 못하며, 더욱 불분명한 것은 동일종의 표본들은 모사품으로만 활용이 가능하기 때문이다. 리치몬드와 스트레이트의 표본은 또한 분석이 완전히 달라질 수 있을 정도로 일부 조각들을 망실했다. 당초에는 이 연구가 오랜 논쟁에 대한 답을 제공하는 것처럼 보였으나, 지금은 사람류가 너클 보행자로부터 온 것인지 또는 기어오르는 것에서 온 것인지에 대한 의문이 완전히 열려 있는 상태이다. 뼈 조각에 대한 이와 같은 종류의 논쟁은 통상적이며 고인류학에서 필연적인 것이다.

유인원들은 무엇을 왜 하나?

인간과 달리 유인원들은 온종일 네 발로 걷는데, 그들의 조상도 그랬다. 아프리카 숲 속에서 유인원들을 따라 다녔던 경험이 있는 사람들에게는 유인원 조상들이 네 발로 땅 위를 다닌 것이 삶에 필수적이었다는 사실이 이해가 잘 갈 것이다. 아프리카 유인원들은 주로 지상으로 이동하는데, 과일을 찾아 나무를 오르기도 하고, 나무에서 밤을 보내기도 한다. 그들의 긴 팔과 꾸부러진 손가락에도 불구하고, 침팬지나 보노보(bonobo)들은 지상으로 이동하는데 매우 잘 적응되어 있다. 침팬지들은 울퉁불퉁하고 나무들이 빽빽한 지역 위를 하루에 몇 마일씩 여행할 수 있는데, 이것은 그들이 손가락 관절로 걷는다는 것을 고려할 때 대단한 일이다. 침팬지와 아주 가까운 친척뻘이 되는 보노보는 그들 음식의 70%를 차지하는 익은 과일을 찾기 위해 먼 거리를 걷는다. 이것에 따른 그들 행동의 변화를 관찰하면, 두 발 걷기의 장점을 이해할 수 있을 것 같다. 만일 유인원들의 관절—걷기가 얼마나 비효율적인가를 생각한다면 두 발 걷기의 장점들이 즉각 이해될 수 있을 것이다.

과일은 많은 다른 영장류의 기본 먹이가 되는 식물 잎사귀들과는 다르게 빨리 고갈되고, 또한 한곳에 모여 있지도 않다. 열대 삼림속의 무화과나무처럼, 같은 종의 나무들은 멀리 산재해 있다. 무화과를 찾기 위해 침팬지는 높은 에너지가 요구되는 생활방식을 유지해야 한다. 긴 거리를 걸어가는데 들어가는 에너지는 결국 그 과일이 지니고 있는 탄수화물의 함량에 의해 보상 받는다. 그 에너지는 긴 거리를 걷는 값으로 지불된다. 나는 멀리 떨어진 산골자기에 우뚝 솟은 과일나무에 도달하기 위해 거의 쉬지 않고 걸어가는 침팬지들을 따라 여러 시간을 걸은 적이 있다. 나는 목적지에 도달했을 때 숨이 차고 몸이 쑤시는 것을 느꼈는데 침팬지들은 이미 노동의 대가에 대한 음식을 즐기고 있었다.

과일에 대한 이와 같은 집중은 침팬지의 사회적 행동에 중대한 영향을 준다. 암컷 침팬지의 생활방식은 그녀와 새끼들을 지탱할만한 적당한 먹이의 양과 질에 맞추어져 있다. 사춘기 때 암컷 침팬지들이 이웃의 다른 군서지로 이동할 경우, 그들이 몇 십 년 간 그들과 새끼들을 먹여 살릴 수 있는 곳을 선택한다. 반면 수컷들은 암컷보다 더 멀리 더 넓게 더 빨리 움직인다. 침팬지의 암컷들은 고릴라나 딴 영장류의 암컷과는 달리 다른 수컷과 암컷으로 구성된 커다란 혈연군집으로 이동하지 않는다. 그 대신, 홀로 또는 몇몇 동료와 이동한다. 그들이 익은 과일로 충만한 나무를 찾았을 때 그들은 다른 것들과 경쟁 없이 그들이 먹을 수 있을 만큼 과일을 먹는다.

암컷들은 발정기 때 매우 사회적이 된다. 이 때 암컷의 둔부는 액체로 가득 찬 분홍색으로 부풀어 올라 수컷을 받을 수 있다는 표식이 된다. 그러한 모습이 수컷에게는 물론 상당히 매력적이다. 대개의 경우 암컷은 그녀 혼자 먹이를 찾아 나서는데, 자주 새끼들이 그녀의 배나 등에 달라붙어 있다. 이러한 부담으로 암컷은 수컷에 비해 비활동적이고 고독하게 된다. 암컷이 새끼가 없다면 수컷만큼 멀리 그리고 빨리 여행할 수 있을 것이다. 암컷의 보다 큰 부담은 침팬지 사회가 왜 떠돌아다니는 수컷과 덜 사회적인 암컷으로 구성되었는지를 시사해 준다.

수컷들은 강한 세력권 습성을 갖는다. 그들은 관할 지역의 외곽을 정기적으로 순찰하고 이웃 군집 침팬지들의 침입을 감시한다. 만일 떠돌이 침팬지가 실수로 그들의 영역을 침범했을 경우, 그들은 공격하고 때로는 심하게 부상을 시키거나 죽이기도 한다. 침팬지는 인류 외에 유일하게 자기 영역을 사수하는 영장류인데, 이것은 우리 자신이 지니고 있는 원초적 본능을 상기시키는 그들의 특성이다.

우간다의 키발리(Kibale) 국립공원에서 침팬지를 연구하던 나의 대학원생 마틴 물러(Martin Muller)는 침팬지 군락들 간에 일어났던 무시무시한 사건을 경험했다. 그가 따라 갔던 수컷 침팬지가 분명히 그곳에 홀로 있는 정체불명의 침팬지를 만난 것이다. 이때 이미 날이 어두워져 마틴은 비명소리를 들었지만 캠프로 되돌아왔다. 다음 날 그가 그곳으로 찾아갔을 때, 그 외지 침팬지는 머리를 위로 하고 죽어 있었고, 시체 주위의 식물들은 넓은 부분이 평평해져 있었다.

그 희생자는 심하게 상처를 입었고, 그의 몸은 여러 군데 구멍이 뚫렸으며, 그의 숨관이 훼손되었고, 그의 음낭은 찢어져 있었다. 마틴이 그의 몸을 뒤집어 봤을 때, 몸의 뒷부분은 상처를 입지 않았다. 같은 군집의 수컷들이 그 침입자를 누르고 그들의 동료들이 그를 공격한 것으로 보였다.

수컷 침팬지는 다른 포유동물을 사냥한다. 그들의 사촌인 보노보와는 달리, 침팬지는 탐욕스러운 육식동물이다. 열 마리 정도의 수컷을 가지는 군집은 아마도 1년에 수백 마리의 원숭이들을 죽이고, 때로는 영양 새끼들, 야생 돼지, 그리고 다른 작은 먹이를 사냥한다. 침팬지들은 지관절을 땅에 대고 산림길을 걸으면서 나무 꼭대기로 오르는 원숭이들을 감시한다. 식량 징발조는 먹이를 얻기 위해 나무로 올라간다. 대개의 먹이들은 몇 파운드 정도의 작은 것이지만 빈번한 사냥은 한해 1,000파운드 이상의 고기를 산출한다.

암컷들도 고기를 즐기는데, 그들은 사냥을 도와주지 않는 경향이 있으며, 수컷들이 죽이는 것을 도맡아 한다. 수컷들은 암컷과 또 다른 수컷들에게 사냥한 고기들을 제공하면서 사냥꾼의 지위를 높이는 방법으로 이용하고, 고기를 일종의 사회적 통화처럼 사용한다. 나의 연구는 협동이 사냥의 성공에 있어서 큰 송곳니나, 나무에 올라가는 데 사용되는 긴 팔보다 더 중요하다는 것을 보여주고 있다. 내가 연구했던 곰베(Gombe) 침팬지에서 가장 성공적인 사냥꾼들 중 하나는 치아가 거의 없는 늙은 수컷인 에버레드(Evered)이다. 에버레드는 그보다 아주 젊고 근육질인 동료들 못지않은 사냥꾼이었는데, 그 이유는 아마도 오랜 기간의 원숭이 사냥에서 얻은 경험이 완력보다도 더 중요한 성공의 요소였기 때문일 것이다. 나는 민첩하게 나무를 잘 타는 유인원들이 고기를 얻기 위해 수직으로 걸을 필요는 없다고 생각한다. 그러나 뒤에 다시 언급되겠지만 한번 지상에서 살기에 적응하면, 아주 많은 다른 종류의 고기를 접할 수 있을 것이다.

일군의 과학자들은 침팬지의 가까운 한 친척이 두 발 보행의 기

침팬지와 가까운 친척인 보노보는 종종 직립보행의 더 좋은 모델로 제시되곤 한다.

원에 적합한 모델이고, 가장 최초의 인류 모습이라 주장하였다. 보노보는 침팬지와 아주 비슷한데, 만약 그 두 동물의 화석이 같은 고고학적 탐사에서 발견되었다면 우리는 분명코 그 두 동물을 같은 종으로 분류하였을 것이다. 그러나 서식지와 행동이 그들을 분리하였다. 보노보는 아프리카의 중심부를 큰 포물선 모양으로 나누는 콩고강이 오래 전에 그 진로를 바꾸었을 때 침팬지군의 주류로부터 떨어져 나와 진화된 것 같다. 보노보도 침팬지처럼 과일을 주로 먹는 복잡한 공동체 속에서 생활한다. 암컷은 그룹들 사이에서 이동하고 수컷은 공동체 영역을 방어한다. 그러나 침팬지 군집에서는 가장 하위에 속하는 성체 수컷이라도 모든 암컷에 대해 우세하지만, 암컷 보노보는 수컷들을 제압하는 연합체를 형성하거나 또는 적어도 폭행을 일삼는 수컷으로부터 그들을 보호할 수 있다. 이러한 힘을 공유하는 방법은 암컷 보노보들에게는 큰 선물이다; 암컷들은 먹이에 대해 우선권을 가지는데, 이것은 사냥으로 잡은 고기를 먹을 때도 그렇다.

몇몇의 학자들은 보노보 암컷에 주어지는 권한 부여가 침팬지들 사이의 수컷 우위 현상과 완전한 대조를 이루며, 그것이 인간의 행동과 성별 가치의 출발이라는 모델을 주창했다. 그리고 보노보의 걷는 모습으로 인해 보노보가 초기 인류의 보다 적합한 모델이라고 주장한다. 1970년대에 캘리포니아 주립대 산타크루즈 캠퍼스의 영장류학자 아드리엔 질만(Adrienne Zihlmann)과 그녀의 동료 연구자들은 보노보의 자세와 걷는 모양이 침팬지보다 더 인류와 가깝다고 주장하였다. 그것은 약간의 해부학적 차이에 근거하고 있다: 보노보는 침팬지와 같은 길이의 팔과 다리를 가지고 있는데 비해, 몸통과 몸통 윗부분 그리고 엉덩이는 좁다. 그러나 많은 다른 연구자들은 질만의 가설을 즉시 반박하였는데, 그 이유는 보노보가 사람을 닮은 형질은 수직 나무타기에 적응한 결과라는 것이다.

보노보가 침팬지보다 두 발 걷기에 더 적합하고, 인류의 기원으로 적합한 모델이라는 가설은 1980년과 1990년대에 더욱 커졌다. TV 다큐멘터리 '중앙아프리카 삼림들'에서는 암컷 보노보들이 사냥꾼—채집꾼처럼 배회하는 사진들을 보여 주었다. 이러한 사진들은 과거에 영화화된 대부분의 네 발 보행과 합치하도록 교묘하게 편집되었다. 야생의 보노보들은 침팬지들처럼 때때로 수직으로 걷는다. 그러나 보노보들이 침팬지보다 더 자주 수직으로 걷고 더 두 발로 걷는다는 생각은 잘못된 것이다.

마이아미대학의 일래인 바이딘(Elaine Videan)과 윌리엄 맥그루(William McGrew)의 최근 연구결과는, 동물원에 있는 보노보가 침팬지에 비해 더 두 발 걷기식이 아니라는 것을 보여주었다. 바이딘과 맥그로우는 곡마단, 동물원 그리고 야생의 비슷한 배경을 가진 침팬지와 보노보를 비교하였는데, 수직으로 걸으려는 경향이 거의 비슷한 것을 발견했다. 사람들에 의해 먹이를 얻는 보노보의 경우, 상당량의 바나나나 사탕수수를 직립으로 서서 운반하는 특별한 일은 관찰된 바가 있지만, 야생 보노보의 두 발 걷기에 대한 정보는 매우 빈약하다. 뉴욕주립대—스토니브룩 캠퍼스의 다이안 도란(Diane Doran)과 인디아나대의 캐빈 헌트(Kevin Hunt)는 보노보와 침팬지 데이터를 비교하였다. 그들은 보노보들이 침팬지들보다 나무에서 더 많은 시간을 보내고, 수컷 보노보는 수컷 침팬지보다 그들의 회전하는 어깨를 훨씬 더 많이 사용한다는 것을 확인하였다. 보노보는 나무에서의 생활에 더 잘 적응되어 있고, 침팬지는 땅위에서 걷는 것에 더 잘 적응해 있다. 이것은 침팬지가 초기 인류의 두 발 걷기 방향으로의 진화에 더 적합한 모델일 것이라는 암시를 주지만, 결론을 내리기 전에 더 많은 보노보 군집들에 대한 연구가 선행되어야 할 것이다.

우리의 마지막 선조가 보노보냐 침팬지냐를 판가름하는 많은 논란들 중에 한 가지 논란이 있다. 보노보에 대한 과학적 관심은 1980년대에 시작되었는데, 이것은 침팬지가 서구 과학계에 소개되고 대중의 관심사가 된 것으로부터는 몇 백 년 후의 일이다. 첫 번째 보고는 사람들에게 붙잡힌 보노보들에 대한 것이었고, 그들은 평화스럽고 성욕이 과도한 것으로 알려졌다. 한 영장류학자는 보노보는 그들의 의견충돌을 전쟁으로 해결하는 것이 아니라 사랑으로 해결한다고 했다. 그는 보노보의 섹스 강도, 횟수, 다양성 등은 사람을 제외한 어떤 포유동물들도 비견할 수 없다고 보고하였다. 모든 영장류 중에 단지 사람과 보노보 암컷만이 수컷과 섹스를 하는데 있어서 발정기가 따로 없다. 보노보 암컷들은 때때로 다른 암컷들과도 섹스를 한다. 보노보와 침팬지의 진화적 갈라짐은 부분적으로 사실이다. 암컷 보노보는 사실 암컷 침팬지에 비해 보다 많은 힘과 연합성을 가지고 있다. 동물원에 있는 보노보는 다양한 종류의 성적 행동을 보인다. 수컷과 수컷들, 암컷들과 암컷들, 수컷들과 암컷들. 한 보노보 연구자가 말하기를, 그들이 교미를 하지 않을 때에는 그들은 대개 자위를 한다고 했다. 그러나 야외 실험생물학자들이 야생 보노보들과 침팬지들의 행동을 비교했을 때, 그 차이점들의 대부분은 사라지거나 아주 감소했다. 암컷 보노보들이 1년 내내 교미를 한다는 초기의 발표는 단지 그들이 사람들에게 잡혀 있을 때만 확실하다. 야생에서는 침팬지와 보노보의 암컷들은, 대개 그들이 성적으로 정점에 다다랐을 때 수컷들과 만난다.

아프리카의 고릴라는 해부적 구조와 거대한 몸집 때문에 가장 지상생활에 메어 있다. 고릴라들은 대부분의 시간을 네 발로 땅을 걷는데 쓴다. 어떤 수컷들은 450파운드에 달하기도 하는데, 이것은 별로 놀랄 만한 일이 아니다. 고릴라의 어깨 관절은 침팬지나 보노보만큼 나무를 오르는데 적합하지 않다. 다이안 포시(Dian Fossey)의 <안개속의 고릴라들(Gorillas in the Mist)>이라는 책과 영화에서 본 것에 힘입어 대부분의 사람들은 고릴라를 소처럼 높은 산속 목초지에서 나뭇잎을 먹어 치우는 거물 정도로 간주한다. 그러나 이것은 어떻게 보면 오류이다. 비록 산 고릴라들이 정말로 아주 조용하고 천천히 지나가면서 양치가 무성한 덤불과 대나무 순을 먹어 치우기는 하나, 다른 고릴라들은 그렇지 않다. 대부분의 고릴라류를 차지하는 저지 고릴라들은 먼 거리 여행과 익은 과일을 먹는 유형이 침팬지와 가깝다.

우간다의 '임페네트러블 삼림(Impenetrable Forest)'에서 나는 1996년 이후 침팬지와 고릴라들의 생태에 대해 연구했다. 우리들은 그곳에서 고릴라들이 과일, 균류 그리고 150 피트나 자라는 착생식물들을 먹기 위해 무지막지하게 큰 나무 위에 올라가는 것을 보았다. 나는 고릴라가 아프리카의 어떤 곳에서 식량을 찾아 높이 올라가나가 떨어져 죽은 경우를 적어도 1마리 이상 안다. 그럼에도 불구하고 고릴라의 나무 오르기는 정규적인 생태의 한 부분이다. 과일이 풍성한 삼림에서는 고릴라들은 먹이를 찾아 멀리 그리고 넓게 이동하는 침팬지의 생활양식을 따른다. 그러나 10,000피트 높이의 춥고 안개 낀 환경이나, 과일 나무가 매우 드물게 있는 비룽가 화산과 같은 나쁜 환경에서는, 고릴라들은 땅위에 사는 섬유질의 식물에 생존을 의지할 수밖에 없다. 그들은 서거나 두 발로 걸을 수 있지만, 나무에서는 수직으로 올라간다.

고릴라들이 그들의 나무에서 이동하는 것은 간단하게 보인다. 몸이 클수록 그들을 지탱해줄 나뭇가지들이 커야한다. 그러나 그 관계는 그렇게 간단치 않다. 퍼듀대학의 영장류학자인 멜리사 레미스(Melissa Remis)는 암컷과 미성숙 고릴라들이 수컷보다 더 잘 올라간다는 것을 보여 주었다. 수컷의 오름은 그들의 사회적 그룹에 영향을 받는다. 그의 그룹이 나무에서 식량을 구할 때 지상에 있던 수컷도 역시 올라간다. 나이든 수 고릴라들은 한 나무로 다음 나무로 좀처럼 직접 이동하지 않는다. 그들은 큰 몸으로 조심조심 땅으로 내려와 삼림의 바닥 사이로 다음 나무까지 느릿느릿 걸어가 또 오른다. 레미스는 침팬지를 관찰하는 사람들이 보는 것만큼이나 많은 암컷 고릴라들이 매달려 있는 것을 보았는데, 고릴라들은 가지 사이에서 부수적인 지탱을 위해 그들의 다리를 사용하는 경향이 있다.

고릴라들은 걷는 면에서 침팬지만큼이나 전문가이다. 그들은 삼림의 지역적인 구조에 잘 적응한다. 양치류가 무성한 덤불에서는 산 고릴라들을 땅위를 터벅터벅 걷고, 반면에 먹을 것이 풍부하지만 산재해 있는 저지대 환경에서는 매일 마라톤 행진을 한다. 나의 팀은 우간다의 브윈디(Bwindi) 천연 국립공원(Impenetrable National Park)에서 일반적으로 하루 평균 800야드 정도만 움직이는 고릴라를 연구한 적이 있는데, 저지대에 있는 동물들은 4배나 더 먼 거리를 움직이고, 더 많은 시간과 칼로리를 사용한다고 했다.

단 한 종류의 아시아 거대 유인원인 오랑우탄은 습관적으로 나무를 타고 거의 땅 위로는 걷지 않으며 특히 두 발로는 전혀 걷지 않는다. 그들은 인도네시아 열대우림을 휘젓고 다닐 때 발을 세 번째와 네 번째 손처럼 사용하는데 숙달된 사지류 동물이다. 오랑우탄은 삼림 사이의 공간에서는 땅으로 내려온다. 붉은 털로 덮인 그들의 커다란 몸은 특이하게 변형된 너클 보행에 의해 지탱되는데, 앞몸의 무게는 주먹 바깥 가장자리 위치에 쏠려 있다. 그들은 지상을 느릿느릿 걷는 모습은 마치 구슬을 던지려 하는 것처럼 보인다.

오랑우탄에 대한 추측은 예상을 빗나가게 한다. 암컷과 수컷 사이의 두드러진 크기 차이, 사회성인 고릴라나 침팬지에 대한 오랑우탄의 진화적 근접성은 골격 구조에서 유추할 때 집단생활을 하는 침팬지로 간주하게 한다. 그러나 오랑우탄은 대개 혼자이다. 오랑우탄의 최근 조상들은 열대우림만 아니라 파키스탄과 남중국에 이르기까지 언덕과 평원에 존속했다. 아마도 그들은 오늘날 오랑우탄의 생활과는 판이하게 다른 생활을 영위했을 것이며, 그들의 신체 구조는 군집 내에서 변화와 조화를 이룰 수 있을 만한 충분한 시간을 가지지 못했을 것이다. 우리가 생태와 행동 사이의 연결을 학설화 할 때에는 어떠한 경우에 있어서건 주의를 기울어야 한다는 것을 오랑우

거대 유인원은 손가락 마디로 땅을 짚고 걷는다. 이 사진은 발바닥과 마주볼 수 있는 침팬지의 엄지발가락을 보여준다.

탄이 제시해 주는 것이다.

환경은 자연선택이 작용할 수 있는 필터를 제공하면서 큰 유인원 사회의 진화에 많은 영향을 끼쳤다. 우리는 그들 사이를 형성시킨 힘을 이해하기 위하여, 그리고 그러한 힘들에 대한 반응으로서 그들의 생명을 그렇게 이끌어 가야만 했던 원인을 찾기 위해 태고의 유인원들과 초기 인류들의 화석을 연구한다. 그러나 그들의 화석으로부터 동물의 행동을 재현하는데 있어서 우리는 해결책을 별로 가지고 있지 않다는 문제에 직면하게 된다. 우리는 진화라는 것이 얼마나 강력하게 한 종의 습성에 영향을 주었는지 알지 못한다. 큰 유인원이 종류가 소수만 남아 있다는 것, 과거에 존재했던 다양한 종들 중에 매우 적은 종들만이 현재 남아있다는 사실은 우리가 그러한 것들을 유추하기 힘들게 만든다. 우리는 지금 살아있는 유인원 종들 중에서 우리의 조상을 찾아낼 수 있다고 가정해서는 안 된다. 그러나 그들은 우리가 수행하는 연구의 바른 방향을 제시할 수는 있다.

3
하느님의 걸음걸이

내가 캘리포니아의 버클리 대학에서 인류 기원에 대해 공부하는 대학원생들의 전임강사로 있었을 때 일이다. 1980년대 후반 그 당시에 대학생들을 데리고 샌프란시스코의 동물원을 견학하는 것은 연례행사 중 하나였다. 나는 긴팔원숭이, 고릴라, 오랑우탄 등에 눈이 휘둥그레진 학생들을 침팬지가 있는 곳에 일부러 멈춰 서게 하곤 했다. 거기서 침팬지의 행동에 대한 짧은 강의를 하기 위해서였다. 수컷 침팬지 한 마리가 약 10여 미터 떨어진 암석동굴 위에 불상처럼 가만히 앉아 있었다.

한참 강의를 하고 있는데 그 침팬지가 조금씩 움직이는 것 같았다. 그놈은 거의 알아차리기 어려울 정도로 몸을 이리저리 움직이며 조용히 끙끙 소리를 내기 시작했다. 학생들은 전혀 눈치 채지 못 하는 것 같았다. 그러다 그놈은 갑자기 몸을 일으켜 세우더니 미친 듯이 발을 바닥에 구르기 시작했고, 두 발로 선채 발을 바꿔가며 몸을 흔들어댔다. 모든 털이 곤두섰으며, 이러한 서커스 쇼 같은 모습이 학생들의 시선을 바로 사로잡아 버렸다. 그 순간 침팬지는 암석동굴에서 몇 발짝 나오더니 두 발로 선채 자신이 쌌던 똥을 집어 들고 놀랍도록 정확히 학생들에게 던지는 것이 아닌가! (물론 나는 그러한 경험이 있기에 안전하게 한 발짝 뒤로 물러나 있었다.) 이후 그

학생들에게 그 당시 학기 과정 중 가장 기억나는 것을 꼽으라 한다면, 당연히 동물원에서 외롭고 따분해 했던 그 침팬지로부터 똥 세례를 받은 사건일 것이다.

그 침팬지는 적어도 잠깐이나마 두 발로 일어서는 방법을 보여준 것이다. 우리는 침팬지가 두 발로 걷는 모습을 단순히 여기저기 어슬렁거리는 일시적인 행동으로만 생각한다. 틀린 말은 아니지만, 두 발로 서 있다는 것은 더욱 많은 의미를 가지고 있다. 가장 중요한 의미는 자세에서의 큰 변화를 들 수 있는데, 몸의 다른 부분에까지 영향을 미칠 수 있는 도미노 효과를 포함하고 있기 때문이다. 그리고 걸음걸이의 변화는 부수적인 의미에 불과하다. 우리가 두 발로 걷는 행위의 값어치나 이익에 대한 진정한 면을 알지 못하는 이상 직립보행의 출현을 이해한다는 것은 무의미하다. 자세와 걸음걸이 중에서, 걸음걸이만이 쉽게 측정될 수 있는 값어치나 이익을 포함한다. 반면 어떻게, 왜, 그리고 언제 네 발 동물에서 두 발 동물로의 자세변화가 일어났는지를 이해하는 것은 걸음걸이 변화보다 어려울 수도 있다.

이러한 변화를 이해하기 위해 필요한 것 중 하나가 바로 자연선택의 원리이다. 진화론적 입장에서 보면, 한 세대에서 일어난 변이가 선택이 되든 아니든 간에 다음 세대에서 나타날 수가 있다는 것이다. 이런 방식으로 조금씩 증가한 변화가 몇 세대에 걸쳐 어떤 종으로 슬며시 들어가 다른 종으로 변화를 시키거나, 아예 여러 개의 새로운 종으로 나누어 버리기도 한다는 것이다. 이러한 과정을 처음으로 제시했던 다윈은 자연선택에 의한 진화의 가장 중요한 요소인 유전자나 돌연변이까지는 알지 못했다. 유전자는 각각 부모의 유전적 주형이 한 벌의 진화 카드로 만들어 질 때, 쉽게 말해 포커카드를 다시 섞듯이 생식작용 동안 두 사람의 유전형질이 합쳐지고 재배열되면서 나타나는 DNA의 긴 조각이라고 할 수 있다. 그리고 자손의 유전정보는 각각 부모의 결합된 DNA에서부터 시작되며, 이 DNA 가닥의 생화학적 염기들을 대체해버리는 돌연변이에 의해 변화될 수도 있다. 그러나 인간의 풍부한 상상력에 의해 만들어진 영화 '엑스맨'에서처럼 돌연변이가 자주 나타나는 것은 아니다.

우리는 자연선택이 아주 오랜 기간에 걸쳐 일어난다고 인식해왔다. 하지만 꼭 그런 것만은 아니다. 생물학자인 피터와 그랜트 박사는 '갈라파고스 피리새'에 대해 10여년 이상 연구를 했는데, 가뭄이나 기근에 따라 그 새의 부리의 모양, 크기, 알 낳는 개수 또는 부화하는 정도가 변하는 것을 확인하였다. 이 피리새의 한 세대는 지극히 짧은 편인데, 환경에 따라 불과 몇 십 년 안에 방금 언급한 것들이 변화된 것이다. 하지만 고대 영장류를 보면 약간 다른 점을 확인할 수 있다. 예를 들어 네 발을 사용하는 것보다 두 발을 사용하여 여기저기 돌아다니는 영장류가 훨씬 더 번영했다고 가정을 해보자. 그렇다면 자연선택에 의해 두 발로 활동하는 것으로의 진화의 필요성이 제기될 수 있을지 모른다. 하지만 갈라파고스 피리새에 비해 두 발로 활동한다는 것이 그리 간단히 쉽게 나타나지는 않았다는 점이다. 피리새처럼 더 나은 형태로의 필요성이나 계획 없이 서서히 진행됐다고 볼 수 있다. 다만 유인원이 너클 보행을 하고 우리가 완전 직립보행을 하기 때문에 둘 사이의 모든 점이 전자에서 후자로 향상되기 위해 설계되었다는 것은 아주 명백한 것처럼 보인다.

이동하는데 드는 많은 비용

자세와 걸음걸이에서 기본적인 변화들이 왜 서서히 진행되어 왔는지 이해하기 위해서는 A점에서 B점으로 몸을 이동하는데 필요한 에너지를 산정하기 위한 몇 가지 간단한 열에 관한 계산을 이용해야 한다. 우리는 유리창 시설이 된 방 안에서 트레드밀[1] 위로 동물이 걷거나 달리게 함으로써 에너지 값, 소비된 열량, 이동거리, 내쉬는 공기에 대한 값들을 측정할 수 있다. 연구자는 방 안과 밖의 공기의 흐름을 측정하고 산소 농도의 변화를 기록한다. 동물 산소 소비 연구의 1인자는 고인이 된 하버드 대학교의 동물학자 리차드 테일러였다. 그는 많은 동료들과 20년이 넘게 수많은 종의 야생동물과 가축에 관한 정보를 수집했고, 두 발로 걷고 뛰는 동물에 비해 네 발 동물의 장점에 대한 논쟁거리를 제공하기도 했었다.

동물들의 이동에 대해 생각할 때는 두 가지 주요 요인을 기억해야 한다. 하나는 이동거리에 대해 소비된 열량비율을 나타내는 운동효율이고, 다른 하나는 주어진 신체적 일에 대해 에너지 소비의 절약을 나타내는 운동경제이다. 큰 동물은 작은 동물보다 더욱 효율적으로 이동할 수 있다. 왜냐하면 큰 동물은 똑같이 주어진 거리를 이동하기 위해 에너지를 덜 소비하기 때문이다. 예를 들어 코끼리는 생쥐보다 더욱 효율적으로 축구경기장 만큼의 길이를 걸을 수 있다. 그렇지만 코끼리는 후피동물[2]의 특징인 큰 몸 때문에 이동할 때 생쥐보다 훨씬 더 많은 에너지를 태운다. 그래서 생쥐가 운동경제에서 이기는 반면에 코끼리는 에너지 효율에서 이기는 것이다.

테일러와 그의 팀은 각 단위의 거리마다 움직이는 속도에 비례하여 열량이 소비된다는 것을 발견했다. 코끼리가 최고속도로 달리도록 했을 때, 에너지 소비는 똑같은 100야드를 어슬렁거리며 가는 것에 비해 놀랄 만큼 증대함을 알 수 있다. 이러한 관계는 대부분의 포유동물과 조류, 고슴도치와 엘란드[3], 그리고 파르트리쥐[4]에 이르기까지 놀랍도록 일정하다. 그런데 테일러와 그의 팀은 약간의 주목할 만한 예외를 발견했다. 캥거루는 오히려 느린 속도보다 빠른 속

1) 트레드밀 : 회전식 벨트 위를 달리는 운동기구

2) 후피동물 : 유제류에 딸린 새김질하지 않는 포유류로서 가죽이 두꺼운 동물을 통틀어 일컬음. 코끼리, 하마 등

3) 엘란드 : 남아프리카산의 큰 영양

4) 파르트리쥐 : 북아메리카산 메추라기의 일종

도로 깡충깡충 뛰는 동안 더욱 효율적으로 이동한다는 점이다. 또 캘리포니아 버클리 대학의 티모시 그리핀과 콜로라도 대학의 로저 그람의 최근 연구는, 펭귄이 사람보다 한 걸음 당 에너지를 덜 사용한다는 것을 보여 주었다. 우리는 펭귄이 뒤뚱뒤뚱 부자연스럽게 걷기 때문에 다른 어떤 두 발 동물보다도 더 많은 에너지를 소비한다고 생각해왔을 것이다. 그래서 어떤 펭귄 종이 그들의 서식지에 도달하기 위해 100마일도 넘는 얼음으로 덮인 지역을 뒤뚱뒤뚱 걸으며 횡단할 때, 그것은 운동효율성의 기본 법칙에 위반되는 것이라고 생각해 왔다. 그러나 그들의 서툴러 보이는 움직임들은 몸의 중심을 약간 올림으로써 실제로 운동효율성을 증가시키도록 하는 것이다. 그래서 그들은 자신의 작은 다리 근육을 우리가 생각하는 만큼 힘들게 밀 필요가 없는 것이다. 역설처럼 보이지만, 실제로 두 발 짐승이 효율적인 보행자라는 증거인 셈이다.

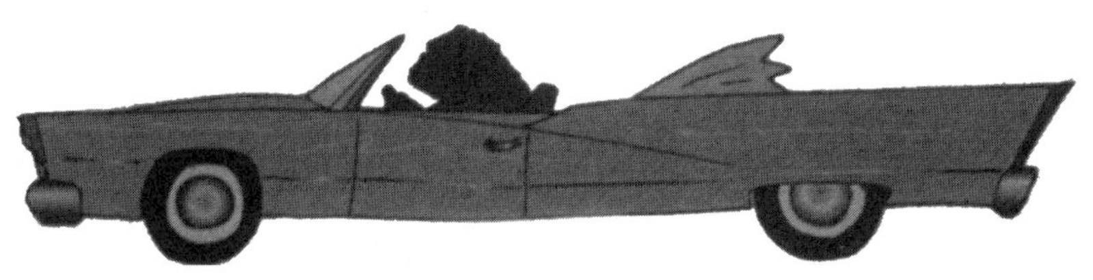

$$\text{효율성} = \frac{\text{행해진 일}}{\text{소비된 에너지}}$$

경제 = 주어진 일을 하기 위한 총비용

걷기 효율성에 대해 간단한 예를 살펴보자. 어떤 동물이 중력을 이기며 나무에 오르려고 할 때 그 노력에 대한 보답이 있다. 나무에 사는 동물은 땅 위를 이동하는 것들보다 더욱 큰 운동비용을 가진다. 예를 들어 나무 위로 한차례 수직 이동을 한 후, 달리거나 팔을 이용함으로써 비교적 효율적으로 수평이동을 할 수 있다. 그에 비해 땅에 사는 동물은 속도에 대한 무리한 대가를 지불해야만 한다. 더욱 빠르게 이동하기 위해서는 한 걸음을 크게 내딛거나 내딛는 속도를 빠르게 하든지, 아니면 두 가지를 모두 병행해야만 한다.

바로 이러한 점이 우리로 하여금 두 발 보행을 하도록 하는 계기가 되었다. 테일러와 로운트리는 보행의 효율성에 대해 침팬지와 사람을 비교했다. 그들은 네 발과 두 발로 걷기의 우열에 대해 오랫동안 지속된 논쟁, 그리고 다른 두 발 짐승들 —그 중에서도 레아[5)]— 은 네 발 짐승이 걷는 것보다 그들의 두 다리로 걷는데 두 배 더 많은 에너지를 소비한다는 것에 주목했다. 테일러와 로운트리는 침팬지가 네 발 모두로 걷는 것과 똑같이 효율적으로 직립보행한다는 사실을 발견했다. 그들은 또한 두 방법 모두로 걷는 카프친원숭이[6)]에 대해서도 같은 결과를 알아냈다. 그래서 두 연구자는 1973년 과학잡지 사이언스지에 직립보행에 대한 진화의 원리로서 운동효율성의 논쟁은 쓸모가 없다는 내용의 논문을 발표했다.

그런데 대부분 과학자들은 다른 사람들의 결과에 대해 회의적인 생각을 가질 때가 있다. 연구자들은 그들 스스로 결과들을 자세히 조사할 수 없는 한, 자신들의 직관에 반대되는 결과들을 믿지 않는 경향이 있다. 1984년 캘리포니아 대학의 생물학적 인류학자인 피터 로드만과 헨리 맥헨리는 테일러와 로운트리의 연구를 재검토하고 나서 다른 결론에 도달했다. 그들은 사람이 반드시 모든 네 발 짐승보다 효율적인 보행자는 아니지만 침팬지보다는 확실히 효율적으로

---

5) 레아 : 아메리카산 타조
6) 카프친원숭이 : 남아메리카산 꼬리말이 원숭이의 일종

직립보행한다는 것을 발견했다. 다시 말해서 직립 자세로 진화하는 것은 대부분의 네 발 포유류에게는 진화적으로 필수적이지는 않지만, 유인원이 그랬던 것처럼, 만약 어떤 한 동물이 이미 너클 보행자로 진화하였다면, 완전히 직립 자세로 이동하는 것이 에너지적으로 보다 현명한 방법이 될 것이다.

또 1990년대에 위스콘신 대학의 동물학자 카렌 스튜델은, 최초의 트레드밀 연구에 이용된 침팬지는 어린 상태였고, 그러므로 다 자란 침팬지의 것과는 아주 다른 에너지 유출입 결과가 나왔을 것이라고 지적했다. 테일러는 트레드밀을 이용한 실험을 하는데 있어서, 성미가 급하고 말을 잘 안 듣는 어른 침팬지보단 훨씬 다루기 쉬운 어린 침팬지를 사용했었다는 것이다. 사람의 경우에도 어린이의 운동효율은 어른보다 훨씬 낮다. 그래서 스튜델은 테일러와 로운트리의 결과가 설득력이 없는 것이라고 주장했다. 스튜델은 비록 현대 인류가 같은 크기와 몸무게의 다른 어떤 네 발 동물보다 더 효율성 있게 걷지만, 갓 만들어진 두 발 동물인 초기 사람과(hominid, 人科) 동물에게 이러한 사실은 필요하지 않다고 추론하였다. 그러므로 직립 자세와 행동으로 변화하는데 있어서 첫 번째 동기는 에너지 효율이 아니라는 것이다.

이렇게 과학자들 간에 의견이 분분한 가운데, 이 연구들은 실험대상이 적었기 때문에 대폭적인 지지를 얻지 못했다. 다시 말해 걷기나 달리기에 대한 실험이 단지 두 마리의 어린 침팬지와 두 사람에 대해서만 측정되었기 때문이다. 그리고 에너지 효율이 네 발 보행에서 두 발 보행으로의 변화에 대한 근거였다는 연구의 기본 전제 또한 근본적으로 잘못되었다. 플로리다 대학의 윌리엄 레오나르도와 마르샤 로버트슨에 따르면, 우리는 최초의 사람들의 초당 에너지 효율에 대해서보다는 그들이 에너지를 가지고 무엇을 해야 할 필요가 있었는지에 대해 생각해야 한다고 말했다. 만약 마라톤 선수 같은 사람이 있었다면 그에게는 에너지 효율이 중요했을 것이다. 하지만 두 발 짐승이 되는 가장 초기 단계에서 여러 가지 요인이 있었을 것이고, 또 완전히 익숙하지 않은 채 두 발로 짧은 거리를 이따금씩 걷는 것까지 포함한다면 효율성은 별로 중요하지 않았을지도 모른다.

일반적으로 달리기는 걷기보다 훨씬 에너지 비용이 많이 들고, 달리는 사람은 네 발 짐승에서 나타난 것처럼 속도에 비례하여 에너지를 소비해야 할 것이다. 달리기와 걷기의 한 가지 중요한 차이점은 달리는 동안에 강력한 용수철 역할을 하는 다리 힘줄의 사용에 있다. 달리는 동물의 탄력은 다음 한 걸음에 이용될 수 있는 약간의 에너지를 되돌려 준다. 유타 대학의 생물학자 데이비드 캐리어는 두 발로 달리기를 할 때 걸음을 내딛는 것과 호흡 사이의 관계에 대해 의견을 내놓은 적이 있다. 네 발 짐승이 달릴 때 신진대사를 위해 필요한 산소는 한 걸음씩 내딛을 때마다 고정된 방식으로 공급이 된다. 예를 들어 경주마가 한 번씩 발을 구를 때마다 한 번씩 숨을 내쉬게 되며 그 때의 가슴 근육의 운동 때문에 약간의 충격도 흡수할 수 있게 된다. 반면 사람의 경우는 약간 다르다. 사람은 한 걸음 내딛는 동안 여러 번 숨을 쉴 수도 있고, 여러 걸음을 내딛는 경우에 단 한 번의 숨을 내 쉴 수도 있다. 빠른 속도를 내는 와중에도 호흡의 정도를 적절히 조절할 수가 있다는 것이다. 상황에 따라 기어를 변속할 수 있는 자전거와 유사하다고 하겠다. 이러한 특성 때문에 전력질주한 말이 쉬고 있는 동안 사람은 터벅터벅 걷는다든지, 가볍게 조깅하는 정도의 또 다른 방식으로 이동할 수 있다. 직립보행 이후 사람이 먹이를 찾아 먼 거리를 이동해야만 할 때에도 이러한 기능 덕분에 살아가는데 있어서 다른 네 발 짐승보다도 훨씬 유리한 위치를 선점했던 것인지도 모른다.

우리가 걷는 방법

직립보행은 우리가 가지고 있는 다른 특성처럼 기본적으로 인간이 가지는 특징이다. 걸을 수 있는 사람의 몸을 조립한다고 가정해 보자. 아마 하나의 조각 맞추기 게임을 하는 것과 같을 것이다. 퍼즐 면 위의 그림이 서서히 새로운 모양으로 되는 것은 선택된 새로운 조각들을 이용해 수많은 과정을 통해서 될 수 있는 것이다. 초기 단계에서 조각은 뒤죽박죽 상태의 쓸모없는 것이 아니라, 언젠가 퍼즐이 새로운 모습으로 변할 때 꼭 필요한 기능을 하는 셈이다. 이와 유사하게 네 발 짐승에서 두 발 짐승으로의 변화는 몸의 중심에서 중요한 변화를 요구했다. 균형을 이룬 직립자세는 땅위에 놓인 발에 의해 형성된 영역 위 어딘가로 몸의 중심의 변화를 요구한다. 침팬지에서 이 중심은 팔과 다리 사이에 매달린 몸통 중앙 부분의 어딘가에 있다. 사람에서 그 중심은 침팬지보다 위쪽과 후미 쪽에 있다. 즉 등뼈의 아래 두 뼈 바로 위로 중심이 지나간다. 이렇게 몸의 중심이 위쪽과 후미 쪽으로 동시에 변화하는 것은 매우 중요하다.

잘 설계된 두 발 짐승은 자연스럽게 설 수 있고 완전한 균형을 이룰 수 있다. 왜냐하면 우리가 똑바로 섰을 때의 키는 어떤 네 발 짐승 영장류보다 확실히 크기 때문이다. 그리고 우리의 체격은 길고 가늘기 때문에 몸의 중심은 빗자루 위에서 접시를 돌리는데 요구되는 만큼의 훌륭한 균형을 제공해야 한다. 침팬지의 중심은 표본으로 만든 나비의 한 중앙에 꽂는 핀처럼 장 중심부를 통해 하늘까지 통과한다. 사람의 중심은 완전히 다른데, 그것은 발, 엉덩이, 등뼈와 어깨 바로 앞, 그리고 귀와 관자놀이 부분을 수직으로 통과하여 하늘까지 통과한다. 이 새로운 방향으로 중심 변화가 이루어진 결과, 두 발 짐승은 누워있을 때보다 겨우 7% 정도의 에너지를 더 사용함으로써 몇 시간 동안 그 자리에 서 있을 수 있게 된다. 그와 반대로, 네 발 짐승은 서있을 때 두 다리가 반쯤 구부려진 채 있기 때문에, 균형을 유지하기 위해서는 지속적인 근육 활동을 필요로 한다. 그래서 서있을 때 더 많은 에너지를 소모하게 되는 것이다.

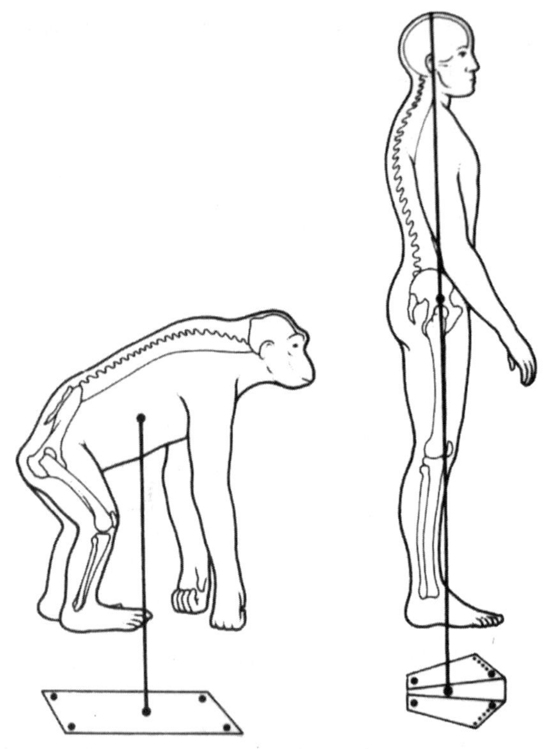

침팬지(왼쪽)와 사람의 무게중심 위치는 매우 다르다.

모든 변화는 엉덩이에서

우리 조상들의 사람으로의 진화 과정 중에 특히 허리(골반부)에서 가장 극적인 변화가 있었다. 전문가가 아니더라도 유인원과 사람의 골반구조를 보면 유인원이 사람으로 진화하는 과정에서 큰 변화가 일어난 것을 알 수 있다. 자연선택은 유인원의 체중을 지탱하던 뼈와 근육을 새로 탄생한 직립보행인의 체중을 지지할 수 도록 완전히 획기적 시스템으로 재탄생시켰다. 이 과정에서 유인원 골반의 외형과 구조가 휘어서 완전히 새로운 구조가 되었고, 또한 두드러지지 않던 유인원의 넓적다리 근육은 사람의 신체에서 가장 큰 근육으로 변형되었다.

사람의 골반은 말안장 모양으로, 허리 주변에서 항상 몸을 지탱한다. 우리는 둔부의 근육, 앉을 때 깔고 앉는 근육, 그리고 엉덩이를 이루는 근육에 대해 알고 있다. 이 세 가지의 근육은 각각 정강이의 위쪽에 붙어있다. 대둔근(gluteus maximus), 중둔근(gluteus medius), 소둔근(gluteus minimus)이 그것들이다. 고릴라나 침팬지에서 후자의 두 근육은 네 발로 빠르게 걸을 때 중요한 역할을 한다. 이 근육들은 각각 대퇴골과 장골(腸骨)의 꼭대기에 붙어서, 유인원이 넓은 범위의 동작을 할 수 있도록 해준다. 그러나 사람의 경우, 이 근육을 늘여도 앞으로 나아가지 않기 때문에 더 이상 이 근육이 필요하지 않다. 따라서 이 근육군은 직립 보행자에서는 몸에 안정감을 부여하는 근육으로 새로이 진화하였다.

다음처럼 한번 따라해 보라. 천천히 걸을 때 한 다리를 다음 걸음걸이를 위해 앞으로 뻗는 동안, 우리는 다른 한 다리로 서 있다. 이것을 주목하자. 매 걸음걸이마다 한 다리로 서있다는 것을 반복함을 상기하면, 걷는 것이 얼마나 불안정한 일인가 상상할 수 있다. 걷는다는 것은 극도로 불안정한 상태의 연속이다. 우선 둔부 근육이 다리를 몸 중심선에서 뒤로 잡아당김으로서 우리 몸을 지탱해준다. 오른쪽이나 왼쪽으로 몸이 기울어질 때마다 엉덩이 옆의 둔부 근육이 다시 정렬되어 몸의 안정을 유지하지 않으면 우리는 몸의 균형을 유지하지 못하고 쓰러지게 될 것이다. 걷는다는 것은 다른 말로 하면 한 다리가 앞으로 나가는 동안 순간적으로 다른 한 다리로만 몸을 지탱함을 의미한다. 아주 느린 걸음걸이로 50보를 걸어보라. 몸을 기우뚱거리지 않고 한발로 서있는 것이 쉽지 않으며, 또한 넓적

다리에 손을 대보면, 몸을 똑바로 세우기 위해 둔부 근육이 팽팽하게 긴장한 것을 느낄 수 있을 것이다.

침팬지는 이 테스트를 통과하지 못한다. 유인원이 똑바로 서려면 몸이 저절로 좌우로 흔들리게 된다. '킹콩'부터 시작하여 모든 유인원에 관한 영화에서 이 바보 같은 걸음걸이를 볼 수 있다. 유인원이 앞으로 나아갈 때 사용하는 여러 근육들은 사람에서 몸의 안정화를 위해 엉덩이를 고정하도록 진화했다. 한편, 나머지 근육인 대둔근은 위치가 이동하여 사람에서는 근육질의 두르개처럼 뒤쪽 끝을 감싸고 있다. 이는 안정성을 제공하는 역할을 하는데, 걷는 동안 몸통이 곧추서서 안정되게 유지시키는 것이다.

사람에서 이러한 근육의 재배치는 골격의 근본적 변화와 불가분의 관계에 있다. 나는 고릴라와 사람의 골반을 비교하던 첫 순간을 아직도 생생하게 기억하고 있다. 그 때 나는 손에 엉뚱한 뼈를 들고 있다고 확신했었다. 카누의 노처럼 우아한 길고 가는 고릴라의 골반

침팬지가 직립으로 서 있을 때, 침팬지의 무릎은 구부러지고 적절한 둔근이 결여되어서, 균형을 위해 앞으로 숙여야 한다.

뼈는 수 천 세대를 거치면서, 짧고 넓은 곡선 모양의 환상골(環狀骨)로 변형되었다. 오늘날 사람의 골반 뼈는 허리를 둘러싸서, 아랫배에 위치하는 기관 대부분을 안에 품고 있다. 원숭이와 다른 영장류에서 이 뼈는 몸통의 등까지 뻗어서, 다리를 앞으로 뻗는데 필요한 근육이 붙는 뼈대로서의 역할을 수행한다. 사람의 경우 힘차게 엉덩이를 펼 필요가 없기 때문에 이 뼈는 자연선택에 의해 다른 목적으로 모양새가 진화되었다.

이러한 변화의 목적은, 다시 강조하자면 걷는 동안의 안정성과 지지이다. 사람의 골반은 실제로 한 쪽에 3개씩 6개의 뼈로 이루어져 있는데, 발생단계에서 서로 융합한다. 그러나 이 세 가지 뼈—치골(pubis), 좌골(ischium; 坐骨), 그리고 장골(iliac; 腸骨)—는 여전히 쉽게 식별할 수 있다. 치골은 바깥에서 사타구니 안쪽으로 뻗어서, 몸의 중간선과 연골로 연결되어 있다. 좌골은 주로 넓적다리 뒤쪽 아래에 위치하는 골반 부위이다; 몇몇 영장류에서는, 붙박이로 방석 역할을 하는 피부 덩어리(callus)로 덮여 있다.

이 중 장골은 두 발 보행의 사람으로 진화하는 과정에서 가장 결정적인 변형을 겪은 골격 부위이다. 사람의 장골의 날(blade)은 넓적한 말안장 모양으로 허리를 둘러싸고 있다. 침팬지처럼 등 뒤에서 등뼈와 평행을 이룬 것이 아니라, 진화의 초기에 바깥으로 벌어지기 시작했다. 침팬지에서는 나무타기에 중요한 근육이 장골에 붙기 때문에, 길고 좁은 날 형태의 장골은 나무타기에 유리하다. 침팬지가 다리뿐 아니라 팔까지 사용하여 나무를 탈 때 장골은 체중을 위로 끌어 올려준다. 유일하게 사람만 장골의 날이 높이보다 넓게 되어 있다.

4만 년 전 초기 사람류(hominid)가 나타날 즈음에 이미 골반의 형태는 넓고, 짧은 거의 현대의 비율과 비슷하게 진화되었다. 새로 진화한 안장 모양의 장골의 날에 유인원처럼 등 쪽이 아니라 넓적다리의 옆에서 뒤로 뻗어있는 둔부 근육이 붙는다. 이와 동시에 장골이 회전하여, 골반 안에 내장 기관들을 담을 수 있는 오목한 원뿔모양의 공간이 생겼다.

이 외에 유인원과 사람에서 각각 보행에 적응하여 생긴 골격 구조의 차이점은 주로 비율의 차이이다. 사람의 다리뼈는 유인원에 비해 길어지고, 반면 팔뼈는 짧아졌다. 손가락과 발가락뼈는 나무를 타는 유인원의 특징인 두드러진 휘어짐이 사라지고 대신에 납작해져 기민한 손가락과 땅을 걷는데 적합한 발가락이 되었다. 침팬지의 긴 손가락들과 달리, 엄지손가락에 비해 다른 손가락들이 많이 짧아져 손목 근처에서 손가락 끝을 한 곳에 모을 수 있게 되었다. 이에 더하여 사람의 엄지발가락은 유인원과 달리 나머지 발가락들과 같은 방향이 되도록 이동하여, 걸을 때 힘을 더 받을 수 있다. (아직도 맨발 사회에서는 엄지발가락이 바깥쪽으로 약간 벌어져, 나무 타기나 심지어 도구를 잡을 때 사용하기도 한다).

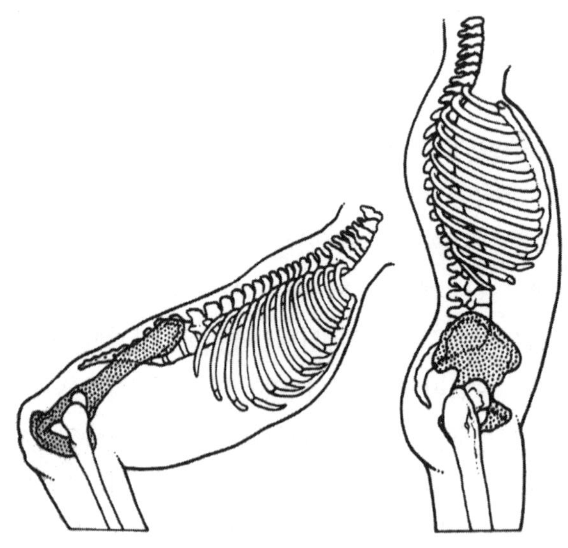

침팬지(왼쪽)와 사람의 엉덩이 위치

숨을 깊이 들이쉬고

직립보행인이 탄생했을 때 미성숙하던 몇몇의 형질들이 자연선택에 의해 혁명적으로 변화하였다. 사람의 횡격막은 갈빗대통과 등뼈에 붙은 상태로 내장 위에 있는 막이다. 횡경막이 수축하면 생명유지에 필수적인 산소가 허파 안으로 빨려 들어옴과 동시에 피가 심장 쪽으로 순환된다. 사람의 횡경막의 형태와 기능은 고릴라와 거의 비슷하다. 그러나 앞 장에서 언급했듯이, 두 발 보행자는 네 발 동물에 비해 이동할 때 호흡이 비교적 독립적인 점에서 더 유리하다. 수 만년 후 이 특징은 말할 때 공기 흐름을 조절할 수 있게 했다.

두 발 보행을 할 때 호흡의 수와 깊이가 더 이상 제약되지 않기 때문에, 여러 형질에서 변화가 일어났다. 식도의 가장 윗부분인 인두의 경우, 두 발 보행자에서 넓은 범위에서 개조되고 확대되었다. 또한 등뼈도 굵어져 호흡을 위한 운동근육의 조절을 원활하게 해주었다. 호흡관과 비관(鼻管)의 해부적인 변화가 일어나지 않았다면, 인간은 큰 유인원처럼 말하기가 불가능했을 것이다. 물론 유인원은 이 외에도 후두(larynx)와 입천장(palate)의 구조 등이 말하기에 부적절한 해부학적 문제를 가지긴 했다.

진화학자들은 일반적으로 행동의 변화가 해부학적 변화를 선행한다고 주장한다. 원시 형태의 언어와 이의 반복적 흉내 내기가 단단한 해부학 구조를 변화시키는 것이 가능했을까? 언어의 사용이 확실한 초기 원인의 화석에서 유연한 해부학 조직이 발견되지 않았기에 그 해답은 모른다. 이러한 연유로 언어의 기원에 대해서는 여러 추측들이 나오고 있다. 초기 원시 언어가 어떠했으며, 처음부터 소리가 났었는지 아니면 몸짓이었는지 모른다. 또한 언어를 사용하는 사람류의 첫 출현에 관해서도 500만년과 5,000년 전 사이의 어느 시점이라고만 생각하고 있다. 단지 언어가 생겨난 것은 직립보행을 하게 되면서 얻은 뜻밖의 부산물이라는 것만 확실하다.

똑바로 서면서 손해보는 것

인류가 600만 년의 진화역사를 거치면서 최적화되고 해부학적으로 완벽한 몸을 갖게 되었다고 생각하면서, 아무도 자기 자신의 몸은 자세히 들여다보지 않았다. 자연선택에 의해 사람의 몸에 새로이 만들어진 모든 구조는 이 자리바꿈으로 인해 해부학적 혹은 행동학적 진퇴양난을 경험했다. 예를 들어, 두 발 보행자는 걸을 때에 몸은 안정이 되지만, 강한 힘을 잃었다. 새로 진화된 구조는 걷기에는 효율적이지만 나무타기에는 불리하다. 임신한 여자의 경우, 새로 생긴 해부학적 구조는 무서운 결과를 낳았다. 자연선택에 의해 변형된 골반 모양은 이에 붙은 근육의 새로운 기능이 가능하게 되었지만, 산도가 태아의 두개골에 비하여 좁게 만들었다. 이러한 이유로 사람과 유인원의 출산 체험은 매우 다르다. 유인원에서 사람으로 진화할 때, 짧고 넓어진 장골의 날개 안으로 산도가 압착되었다.

일반적으로 아이가 태어날 때 남편이 분만실에 아내와 함께 하는 것은 당연한 것으로 여겨진다. 그러나 인류의 분만의 역사적 관점에서 보면 이러한 전통은 서양에만 있는 이상한 풍습이다. 1980년 대 후반에 나는 문화 인류학자인 아내가 현장 연구를 하는 인도의 라자스탄에서 살았다. 아내는 그 마을의 여인들과 친해져서 힌두어(북부 인도 지방의 말로, 인도 공용어)가 유창해지면서, 자신들의 출산의 비밀까지 나누게 되었다. 다른 문화권과 마찬가지로 이 문화권에서도 아이 출산은 남자들은 초대받지 못하는 여자들 사회만의 일이었다. 출산 예정일이 다가오면, 마을의 산파와 다른 아낙들이 모여 아이의 출산을 돕는다. 세대에서 세대로 구전된 모든 종류의 은밀한 지식, 과거와 현재의 모든 지식이 총동원된 가운데 출산을 하게 된다.

이러한 협력은 친선도모뿐만 아니라 그 필요 때문에 생겨났다. 해산 도우미들은 물심양면으로 지원을 하는데, 자신이 해산할 때도 이와 똑같은 긴밀한 도움을 기대한다. 이러한 해산 도우미가 없었다면, 산모와 영아의 치사율이 훨씬 더 높았을 것이다. 또한 아이가 거꾸로 나오는 등 비정상적 출산을 할 경우에 거의 모든 영아가 사망하게 될 것이다. 인류학자인 델라웨어(Delaware)대학의 카렌 로젠버그는 '출산 도우미는 생물학적 문제에 대한 문화적 해법이다'라고 언급했다. 로젠버그와 또 다른 인류학자인 뉴멕시코 주립대학의 웬다 트레바탄(Trevathan)은 공동으로 지구촌 300개 문화권에서의 출산 방식에 관하여 논문을 발표했다. 90% 이상의 문화권에서, 해산할 때 다른 여성이 도와주는 것으로 나타났다. 나머지 문화권에서도, 경험 많은 산모가 때때로 혼자 해산할 경우를 제외하고는 첫 번째 출산은 결코 도우미 없이 낳지 않는다는 것을 발견했다. 흔히 농부의 아내가 밭일을 하다 산기를 느끼면 호미를 놓고 조용히 혼자 아이를 낳고서 밭으로 다시 돌아가 일한다고 생각하는 것은 그저 소설일 뿐이다. 지구촌 어디에서건 아이를 낳는 일은 혹독하고 힘든 일이다.

이와 달리, 사람을 제외한 영장류에게 출산은 그리 힘든 일이 아니다. 암컷 침팬지도 출산의 막바지에는 눈에 보이는 고통을 겪는다. 고통을 최소화하기 위해 몸을 이리저리 틀기도 한다. 그러나 출산 시간이 인간이 겪는 것에 비해 매우 짧다. 단번에 엄마 침팬지는 몸을 아래로 뻗어, 산도에서 새끼 침팬지를 꺼낸 다음에 팔에 안는다. 다음에 탯줄을 잘라 삼키면, 새끼는 새로운 침팬지의 일원이 된다.

더욱이 영장류의 산도는 앞에서 뒤로, 위에서 아래의 모든 방향으로 타원형이나, 사람의 경우는 앞에서 뒤의 중간까지만 타원형이다. 사람의 경우 아이는 태어나는 동안 다양한 모양의 산도를 거치게 된다. 사람의 진화 과정에서 산도가 뒤틀어져 세로로 길쭉한 타원형에서 산도를 따라 다양한 모양을 띄는 형태로 바뀌게 되었다. 이 결과로서 태아가 산도를 지나는 동안에 머리를 회전해야 한다. 머리를 회전하지 않으면 태아가 산도를 벗어날 수가 없다.

새끼 침팬지는 바른 자세로 얼굴을 위로 하고 태어난다. 이러한 이유로 엄마 침팬지는 태어나는 새끼를 살펴보면서, 예기치 않은 상황에 대비할 수 있다. 탯줄이 목을 감지 않았나를 살펴보고 제거하거나, 새끼의 입과 코에서 점액질을 닦아내기도 한다. 또한, 새끼는 팔을 뻗어서 어미에게 도움을 줄 수도 있다. 이와 달리 사람의 경우, 아기가 얼굴을 뒤쪽을 향하여 태어나기에 산모는 영아를 보거나 만질 수 없다. 산모가 산도 밖으로 영아를 잡아당길 힘이 있다 해도, 이상한 자세 때문에 영아의 척추에 무리를 줄 것이다. 산모는 탯줄이나 아기의 얼굴을 볼 수 없다.

골반의 구조가 달라져 출산이 물리적으로 힘든 일이 되면서부터, 출산을 서로 돕는 전통이 시작되었음이 틀림없다. 아이 해산 때 서로 돕는 두레가 정확하게 언제 시작했는지는 알려지지 않았다. 로젠버그와 트레바탄의 기술(記述)이 정확하다면, 한 가지 사실은 확실하다. 최초의 여자 사람류(hominids)들이 인류 역사상 처음으로 의료 행위를 했다는 것이다.

곡선을 넣어서

척추 뼈가 이렇게 새로 정렬되면서, 또 다른 문제를 야기했다. 그 문제들을 해결하기 위해 등뼈를 이루는 24개의 척추골의 사슬은 아래 끝에서 엉치등뼈[7]와 꼬리뼈[8]와 융합되어, 마치 공중에 걸친 작은 다리처럼 유연하지만 강하게 몸을 지탱해 주도록 하였다. 각각의

7) 엉치등뼈(sacrum) : 척추의 아래 끝 부분에 있는 이등변삼각형의 뼈. 외측면의 우묵한 곳에서 대퇴골과 연결된다. ≒광등뼈·엉덩이뼈·천골(薦骨).

8) 꼬리뼈(coccyx) : 등골뼈의 마지막 부분의 뼈. 보통 네 개의 작은 뼈로 이루어져 있다. ≒꼬리등뼈·미려골·미저골·미추(尾椎)·미추골.

척추 뼈 사이에 등뼈 길이의 4분의 1을 차지하는 콜라겐 섬유 조직의 추간판[9]이 위치하여 완충기의 역할을 한다.

자연선택에 의해 사람의 척추는 목에서 엉덩이까지 곡선으로 휘어지게 되었는데, 이러한 곡선은 다른 포유류에서는 전혀 필요 없다. 빠른 속도로 걷는 동안 무게중심을 발 위에 유지해야 하는 두 발 원인에게 직선의 척추는 잘 맞지 않는다. 침팬지의 등뼈는 사람과 달리 4개의 곡선이 없다. 침팬지는 몸의 무게중심을 유지하기 위해서 척추가 곡선일 필요가 없다. 침팬지는 머리가 몸 앞쪽으로 나와 있는 반면, 사람은 편안하게 몸통 위에서 상하운동을 한다. 앞쪽을 향한 부드러운 곡선은 머리의 움직임에 맞추어 목을 움직인다. 이와 동시에 두개골 바로 앞의 맨 위 척추골은 네 발 동물에 비해 머리의 움직임을 제한하는 안전장치의 역할을 한다.

등뼈를 조금 내려가면 척추 전만(lumbar lordosis; 前彎)이라 부르는, 뒤쪽으로 휜 두 번째 곡선을 만나게 된다. 이 곡선은 발생 중에 태아에서 이미 생긴 제1기의 곡선이다. 그 다음 다시 앞으로 휜 곡선이 오고, 등뼈의 끝부분에서 마지막 곡선에 의해 마무리된다. 척추 전만은 남자보다 여자에게서 훨씬 더 두드러지며, 또한 많은 질병의 원인이 된다. 아마 인간에게 가장 흔한 만성질환인 하부 척추병이 흔히 여기에서 생긴다. 여자가 임신할 경우에 무거운 양수 주머니와 태아가 척추 전만의 보정 능력을 넘어설 정도로 몸의 중심을 앞으로 밀기 때문에 척추병이 많이 생긴다.

또한 연구자들은 척추 전만과 뒤쪽으로 급격히 꺾긴 엉치등뼈와 쐐기 모양의 맨 끝의 두 추간판이 함께 아이가 태어날 때 산도 내에서 회전을 어렵게 만든다고 생각한다. 척추 전만은 직선의 척추보다 구조적으로 훨씬 더 강하고 안정적이다. 그리고, 아마도 이는 두 발 보행 이후에 생겨난 듯하다. 영장류 화석 전문가인 펜실베니아

---

9) 추간연골(椎間軟骨 disk) : 척추골의 추체(推體)와 추체 사이에 있는 편평한 판 모양의 연골. 탄력이 좋아 추체 사이의 가동성을 높여 쿠션 작용을 한다. ≒디스크·추간 원판·추간판.

주립대학의 애런 워커(Alan Walker)와 팻 쉽맨(Pat Shipman)의 보고에 따르면, 100만 년 전의 직립 사람류의 척추 전만은 현재 인류의 것과 매우 흡사하나, 더 이전에 발견된 사람류의 등뼈는 현대인에 비해 작고 발달이 덜 되어있다고 한다. 이상하게도 초기의 사람류의 아래 허리는 아프리카 유인원의 4개나 현대인처럼 5개가 아닌 6개 뼈로 이루어져 있다. 워커와 쉽맨은 한 계통의 유인원이 초기 사람류로 진화하는 과정에서 척추뼈가 4개에서 6개로 변화되었는데, 이것이 우연히 허리를 곡선으로 만들었으리라 추정했다. 이러한 차이들 때문에 초기 사람류의 걸음걸이가 현생 인류와 달랐을 것이라고 추측하게 한다.

차갑게 유지하라

개는 더운 날씨에 헐떡거리느라 카펫을 온통 침으로 적시곤 한다. 우리도 때때로 땀을 많이 흘린다. 더운 어느 7월 오후에 야구 경기의 투수가 9회 동안 야구시합을 한다면, 약 4.5kg의 체중이 준다. 어떠한 이유로 땀을 흘릴 수 없게 되면 —뉴욕 양키즈의 화이티 포드(Whitey Ford)는 선수생활 후반에 이 질병이 나타났다— 체온이 과도하게 올라가 거의 치명적이다. 초기 원인이 직립보행을 시작했을 때, 느린 걸음 때문에 숲을 벗어나 이글거리는 적도의 태양 아래에서 생활해야 했다. 다른 온혈동물처럼, 이들도 체온을 식힐 방법이 있었음에 틀림없다.

포유동물은 동맥피의 열기가 전신에서 심장으로 돌아가는 찬 정맥피를 덥혀주는 시스템을 가지고 있다. 그러나 사람에게는 이 시스템이 없기 때문에, 초기 인류가 밀림 밖에서의 생활을 시작할 때 체온을 식힐 시스템이 필요했다. 네 발 동물은 뜨거운 적도에서 먼 거리를 이동할 때, 넓은 등 전체가 태양에 노출되기 때문에 체온을 효율적으로 빨리 식혀줄 시스템이 없다면 바로 고체온증이 된다.

이에 비해 두 발 원인은 문자 그대로 더 나은 환경에 있다. 태양은 위에서 머리와 어깨만 비춘다. 두 발 원인의 키가 네 발 원숭이에 비해 조금 더 크지만, 이 때문에 지표면 근처보다 풍속이 훨씬 빠르며 온도가 훨씬 시원한 환경에서 생활하게 된다. 또한 털이 체온의 분산을 막기 때문에, 털이 없이 진화한 것도 체온을 낮추는데 도움이 된다.

그러나 똑바로 서는 것은 새로운 문제를 야기했다. 중력에 반하여 피를 머리까지 순환시켜야 하는 점이다. 수평과 수직으로 수시로 방향을 바꾸는 대다수 동물들의 순환계는 중력을 이기도록 진화해왔다. 이를테면 뱀이 위쪽으로 기어갈 때, 머리 쪽으로 피의 순환 방식이 급격하게 바뀌는데, 혈류량의 유지를 위해 심장의 앞쪽 배치와 같은 여러 적응들이 일어난다. 기린이 물을 마시기 위해 다리를 벌리고 머리를 아래로 숙였다 올릴 때도 똑같은 일이 일어난다. 특별한 판막, 싸개 조직과 심장이 협력하여 하체로 피가 분산되는 것을 막아서, 높은 머리로 피를 밀어 올린다. 혈관에 미치는 중력의 영향은 다른 액체 기둥에의 중력 효과와 같으며, 이를 정수압(hydrostatic pressure)이라 부른다. 혈액을 포함한 액체가 수평관 대 수직관에서 움직이는 양식에 영향을 준다.

누운 자세에서 머리의 피는 목의 경정맥을 통해 심장으로 빠져나간다. 그러나 똑바로 서면 머리의 피는 다른 탈출구인 척추를 둘러싼 거대 정맥 망을 이용하여 빠진다. 이 척추 혈관망(vertebral plexus)은 머리에서 시작하여 아래로 척추 끝까지 뻗어있다. 이 혈관망은 피의 흐름을 모세혈관으로 돌려 유출률을 높여 피가 몸의 구석구석으로 돌게 한다.

이러한 피의 수송로 변경은 혈액, 궁극적으로는 산소가 몸의 곳곳으로 전달되는 것이 가능하게 한다. 언제 이러한 적응 구조가 사람에게서 진화되었을까? 화석을 자세히 조사해보면, 바위처럼 딱딱한 뼈에 혈관 등의 부드러운 조직이 만입(灣入)된 것을 발견할 수 있다. 발견된 화석은 뚜렷이 두 개의 그룹으로 나뉜다. 오스트랄로피테쿠스(*Australopithecus africanus*)에서 현생 인류(*Homo sapiens*)까지의 최근 인류 계통에서는 척추 혈관망의 존재가 확실하다. 이에 반해, 더 초기의 화석에서는 이 혈관망의 존재가 보이지 않는다. 대신 초기의 사람류에는 두개골 내 뒤쪽에 크게 패인 홈이 존재한다. 이러한 홈이 현대인이나 네 발 영장류에서는 거의 발견되지 않는다는 사실로 미루어, 아마도 이 홈은 초기 두 발 사람류의 두개골에서 혈액의 회전 시스템이었으리라 추측된다.

인류학자인 플로리다 주립대학의 딘 포크(Dean Falk)와 워싱턴 대학의 글렌 코니(Glenn Conroy) 박사는 이러한 정보를 인류의 화석 기록에 적용해 보았다. 이러한 피의 순환경로의 재배치는 최초의 인류가 네 발 동물과 다른 사회생활과 주거환경을 영유하는데 결정적인 요소로 작용했을 것이다. 두 발 보행으로 진화 과정에서, 이제는 혈액도 수직 기둥인 몸을 상하로 순환하도록 변화되어야만 했다.

특히 뇌는 차갑게 유지되어야 한다. 체온이 오르면 몸의 다른 부분들보다 훨씬 더 위험하다. 포크 박사는 척추 혈관망은 새로 진화한 인류가 햇볕에 노출되는 풀밭으로 생활터전을 이동하면서 점점 커지는 뇌를 식히도록 진화되었을 것이라 주장한다. 이러한 의견은 도발적이다. 점점 커지는 뇌를 냉각하는 라디에이터로서의 순환계는 한 계통에서 뇌의 점진적 확장을 가능케 하지만, 다른 계통에서는 아니다. 만약 포크 박사의 주장이 맞는다면, 선사시대에는 뇌에서 피가 빠져나오는 두 가지 방법이 있었다. 하나는 현대인의 직접 선조인 초기 사람류들의 방식이다. 둘째는 현대에 후손을 남기지 못하고 절멸한 다른 계통의 방식이다. 그래서 현재의 우리는 진화 역사에서 어느 종이 우리의 직접 선조가 될지 혹은 탈락될지 검증의 결과로서 척추 혈관망을 사용하게 되었다.

4
다양한 사람류

그러므로 진보는 우연이 아닌 필요에 의해 이뤄진다.
-허버트 스펜서(Herbert Spencer), 사회정역학

2000년에 케냐 국립박물관의 미브 리키(Meave Leaky)와 화석연구팀은 트로피를 받을만한 발견을 이뤘다고 발표했다. 이 연구팀은 1998년부터 터카나(Turkana) 호수 서쪽 부근의 로메퀴(Lomekwi)라는 지역에서 새로운 화석을 발굴했다. 이 화석은 루시(Lucy)로 잘 알려진 화석과 그 시대가 매우 유사하다. 이 새로운 화석의 뼈들을 살펴보면 사람의 생물학적 분류인 목(genus)에 속하는 호모(Homo)의 초기형태를 대표할 만한 얼굴과 이를 지니고 있음을 알 수 있다. 리키 박사는 이 화석이 이전에 발견된 것들과는 상당히 다른 것으로 간주하고, 새로운 목(genus)과 종(species)의 이름을 부여하여, 케냔트로푸스 플라티옵스(*Kenyanthropus platyops*, 평편한 얼굴의 케냐 사람)라는 학명을 부여했다. 리키 연구팀이 발표한 바에 따르면, 케냔트로푸스는 루시와 달리 침팬지와 사람의 특징이 섞여 있다는 것이다. 이러한 발견은 20년 전 루시를 발굴한 도날드 요한슨(Donald Johanson)과 리키 연구팀이 오랫동안 경쟁관계에 있다는 점에서 리키 연구팀에게는 매우 의미 있는 성과였다. 이 분야의 과학자들 사

이에는 케냔트로푸스가 단지 루시 종(species)과 매우 가까운 관계이고, 리키 연구팀이 이를 분류학적으로 다소 과장되게 설정한 것이 아닌가 하는 논란이 있다. 그럼에도 불구하고, 이러한 발견은 오늘날 아프리카에 고릴라, 침팬지 등의 여러 종이 함께 살고 있는 것처럼, 400만 년 전이라는 시대에도 다양한 사람류가 함께 살고 있어서 그 시대가 이들의 황금기였다는 점을 말해주고 있다.

이러한 점에서 사다리 진화론은 잘못된 개념이다. 즉, 우리 인간은 진화의 사다리를 타고 올라와 있는 것이 아니고, 빠르게 분지하는 계통수에서 자연선택에 의해 소멸되는 과정을 피할 수 있어서 현재까지 존재해 왔다는 것이다. 사람류와 사람 사이에는 모든 점에서 서로 연관되어 있다. 사람이라는 종은 지리적으로 넓게 분포해 있던 거대한 유전자 풀(pool)로부터 조립되어 생겨났다고 할 수 있다. 새로운 형질—예를 들어 직립 자세—은 한 집단에서 돌연변이에 의해 생기고, 이것이 다른 집단으로 확대되었을 것으로 보인다. 유전자 풀은 계속적으로 바뀌면서 생명체의 형질을 결정한다. 그러므로 특정 종의 어느 한 구성원이 그 종의 시조라고 할 수 없고, 여러 형질이 모여 사람을 형성해 나갔다고 볼 수 있다.

우리는 새로운 계보의 가장 초기 구성원을 보지 못한다. 우리가 찾아낸 화석은 많은 세대가 지나간 그들의 후손을 나타낸다. 이런 점을 근거로, 한 생물학 연구팀이 최근에 제안한 바에 따르면, 가장 초기 형태의 영장류는 생각보다 훨씬 전인 수 천만 년 전에 나타났다는 것이다. 그러나 이러한 생각은 잘못된 것일 수 있는데, 이는 화석의 기록이 제공해주는 정보가 매우 부분적이고, 많은 초기 종의 화석이 아직 발견되지 않았다는 점을 간과하기 때문이다.

우리는 혼돈스러운 것을 정리하려는 경향이 있다. 만약에 누군가가 다양한 모양과 크기의 물건이 가득 찬 박스를 건네준다면, 우리는 곧바로 색깔, 크기, 용도 등의 기준에 따라 물건들을 분류하려고 할 것이다. 우리에게는 정리하고 분류하려는 천성이 있다. 또한 수

직적이고 논리적인 사고를 지니고 있다. 그러한 이유로 뛰어난 사람들조차도 간단하고, 직접적이고, 논리적인 해결점을 찾기 위해, 문제의 다차원적인 속성을 간과하거나 무시하려고 한다.

그러나 자연선택에 의한 진화는 엄청난 수준의 복잡성과 다양성을 선호하고 장려한다. 진화계통수는 여러 번 분지되어 왔고 그 한쪽 끝에 호모 사피언스(*Homo sapiens*)가 있다. 사람류는 알맞은 시간과 장소에 생겨났기 때문에 번창할 수 있었다. 진화된 다른 종에서와 마찬가지로 사람은 지금까지 가장 진화한 생명체이지, 진화한 가장 마지막 생명체이지는 않을 것이다.

완전한 네 발 동물에서 반 정도 두 발을 쓰는 동물, 이어서 완벽하지는 않지만 어느 정도 효율적인 두 발 동물, 그리고 완전한 두 발 동물로의 점진적이고 직선적인 진화는 없다. 두 발로 걷는 동물에 대한 여러 이론 및 모델들은 그 타당성에 있어서 실패했고, 단지 고생물학자들이 발견한 것은 사람류 화석들이다. 이들은 루시와 가족들인 오스트랄로피테쿠스 아파렌시스(*Astralopithecus afarensis*), 리키 연구진에 의해 발견된 또 다른 사람류인 A. 아나멘시스(*A. anamensis*), 최초의 육식인인 A. 가르히(A. garhi), 큰 어금니를 지닌 로버스트(robust), 사람 목(genus)에 속하는 호모 하빌리스(*Homo habilis*), 가장 원시 형태의 사람류인 아르디피테쿠스 라미두스(*Ardipithecus ramidus*), 그리고 리키 연구팀에 의한 케냔트로푸스 등을 들 수 있다. 이외에도 사람류라고 분류하기 애매한 오로린 투제넨시스(*Orrorin tugenensis*)와 '토우메이(Toumai)'라고 불리는 사벨란트로푸스 차덴시스(*Sabelanthropus tchadensis*)가 있다.

이상은 각 시대와 장소에 따른 몇몇 종의 단순한 배열에 불과하다. 포유류의 경우와 비교해 보면 사람류의 다양성은 미미해서 두 발 동물에 대한 진화적 이해가 어렵다. 그러나 지구의 역사를 살펴보면 두 발 동물에 대한 다양화와 번식이 번창했던 적이 있다. 사람류에 대한 진화를 이해하기 전에 이들 동물에 대한 진화를 먼저 짚

어보자.

주라기로부터의 교훈

우리가 잘 알고 있는 것처럼, 공룡에는 다양한 형태와 크기의 개체들이 존재한다. 두 발로 빨리 달리는 종류도 있고, 거대한 몸을 네 발로 무겁게 움직이는 종류도 있다. 최초의 공룡은 모두 작고 육식성이고 두 발 동물이었다. 이들의 앞발은 오랜 세월에 걸쳐 퇴화되어 포획물을 잡아먹는데 쓰는 갈고리 정도의 기능을 했다. 모든 어린이들에게 친숙한 거대 공룡들은 사납고 작고 직립했던 빠른 공룡들에서 진화한 것들이다.

인류 이외에 공룡만이 두 발 동물이다. 두 발 공룡에는 육식성들로 T. 렉스(*T. rex*)와 가장 큰 육식성인 자이갠토사우러스(*Gigantosaurus*)가 있고, 초식성으로는 오리부리 모양의 하드로사우러스(*Hadrosaurus*)와 커다란 주교관(bishop's-miter)을 쓴 모양의 파라사우롤로퍼스(*Parasaurolophus*)가 있다. 이외에도 작거나 이보다 조금 큰 맹금류의 육식성 공룡들도 두 발 공룡들이다. 네 발 공룡들은 이들 두 발 공룡들로부터 진화했다. 이구아나돈(*Iguanadon*)과 같은 몇몇 공룡들은 네 발, 두 발 겸용이나 주로 두 발 공룡으로 간주한다.

두 발 공룡이 번성할 수 있었던 것은 부분적으로 역사적 우연 때문이다. 자연선택에 의해 초기 두 발 공룡이 생기고, 이때 몸의 크기, 이의 형태 등 여러 부분에도 변화가 있었다. 다양한 형태의 직립보행이 가능한 공룡이 번성하게 되었다. 직립의 형태도 서로 다르고 이동속도도 다른 공룡들이 존재했다. 오리부리 모양의 공룡은 그 종류가 얼마 안 되는 두 발 초식공룡이었다. 티렉스 같은 두 발 공룡의 경우, 사체만 먹는 느린 공룡이었는지, 산 동물을 사냥하는 빠른 공룡이었는지는 확실하지 않다.

2000년에 카네기 자연사박물관의 데이비드 버먼(Davis Berman)과 그의 고생물학 연구팀은 2억 9,000만 년이나 오래된 파충류의 화석을 발견했다고 발표했다. 이 생명체는 에우디바무스 커소리스(*Eudibamus cursoris*)라고 명명되었는데, 이동이 빠른 동물인 것으로 추정되었다. 뒷다리는 앞다리에 비해 짧고 곧았다. 이 동물은 뒷다리로 일어서서 빠르게 달릴 수 있고, 네 발 모두 사용할 수도 있는 것으로 보였다.

이 조그만 파충류는 거의 수직 형태로 달릴 수 있는데, 이러한 자세는 6,000만 년 후에 나타난 공룡에서 발견된다. 즉, 공룡이 나타나기 아주 오래 전에 두 발 파충류가 있었다는 것이다. 이는 두 발 동물의 탄생이 평범한 네 발 동물에서 세련된 직립동물로 길고 느린 진화과정을 통해 이뤄지는 것이 아님을 암시한다. 자연선택이라는 과정을 통해 여러 가지 시도 중에서 성공적인 경우가 살아남는다는 것이다.

공룡의 경우, 불완전한 두 발 공룡에서 완전한 두 발 공룡으로의 진화가 있었다고 보지 않는다. 어느 시대든 모든 종에 있어서 한 가지 형태의 두 발 동물을 기대할 수는 없다. 직립보행에도 기후, 환경, 음식물 등의 조건에 맞는 다양한 형식이 존재했을 것이라고 추정된다. 사람의 직립보행 연구와는 달리 공룡의 연구에는 두 발 동물로의 특이한 진화가 있어야 한다고 보는 사람은 없다. 공룡이 멸종했으므로 이들이 진화적으로 실패한 집단이고, 사람이 현재 존재하므로 성공적인 진화의 예라고 보는 시각이 있다. 그러나 공룡은 1억 5,000만년 동안 존재했고, 이는 인류가 지구상에 존재한 시간의 30배에 달하는 수치이다. 우리는 사람류의 직립보행이 현재의 인류로 진화한 주요 형질이라고 보고 있으나, 이는 상당히 잘못된 관점이다. 공룡의 경우를 통해, 두 발 형질이 네 발 형질보다 낫거나, 완전한 두 발 형질이 불완전한 두 발 형질보다 우수하다는 것은 편견임을 알 수 있다.

두 발 동물들

지구 역사의 500만 년 전 부터 200만 년 전 까지는 두 발 인류의 다양성을 볼 수 있는 전성기이다. 약 600만 년 전에 원인과 인류가 분리되었고, 이러한 새로운 계통의 인류는 직립자세의 형질을 지녔다. 두 다리를 지닌 형질은 아프리카 서부지역뿐만 아니라 추정컨대 남서부 지역까지 산개하였다. 지난 수년간의 화석 발굴은 두 발 보행이 인류 진화의 매우 초기 때부터 있었다는 것을 보여준다.

리키 연구팀은 케냔트로푸스를 발굴하기 훨씬 전인 1994년에 또 다른 인류 화석을 발견했다. 북부 케냐의 카나포이(Kanapoi)와 알리아만(Alia Bay)에서 초기 형태의 인류화석 일부분을 발굴한 것이다. 하체의 뼈 구조는 루시와 유사하지만, 이빨과 턱뼈는 침팬지와 유사하였다. 연구팀은 이를 아스트랄로피테쿠스 아나멘시스(*Astralopithecus anamensis*)로 명명하고 이 화석이 약 410만 년 전인 것으로 추정하였다. 이는 루시보다 이전 것으로, 1994년 기준으로는 가장 오래된 두 발을 사용하는 사람류이었다.

화석의 기록에 의해 두 동물이 서로 매우 유사한 종이라고 했을 때, 과연 이들이 확실하게 한 종이 아닌 두 종이라고 단언할 수 있을까 하는 의문이 있다. 침팬지와 보노보는 사회생활이나 생식생리에 있어서 서로 다른 종이지만, 고생물학자가 이들의 뼈 구조를 가지고 서로를 분류하는 것은 쉬운 일이 아니다. 예를 들어 크기가 크고 작은 사람 뼈를 연구할 때, 이들이 서로 다른 두 종의 뼈라고 할 수 있고, 혹은 동일한 종에 속한 큰 남성의 뼈와 작은 여성의 뼈라고 분류할 수도 있다.

이러한 문제점은 멸종한 유인원과 초기 사람의 크기가 현시대의 종들과 유사하다는 가정 하에 통계학적 근거로 해결이 가능하다. 그러나 여전히 기준으로 삼고 있는 현시대 종들의 수가 적기 때문에 이러한 접근도 완벽하지는 않다.

알칸사스 대학의 생물인류학자인 마이클 플라브캔(Michael Plavcan)은 가장 널리 사용되는 통계학적 방법일지라도, 섞여있는 뼈들이 한 종에 속한 서로 다른 크기인 개체들의 뼈인지 아니면 여러 종들의 뼈인지를 결정하는 것은 불가능하다는 것을 보인 바가 있다. 잘 알려진 여러 종의 아프리카 원숭이 뼈를 가지고 시험하였을 때, 놀랍게도 각 종의 분류에 대한 신뢰성 있는 결과를 얻지 못하였다. 그러므로 세계 여러 박물관에 소장되어 있는 화석 표본들

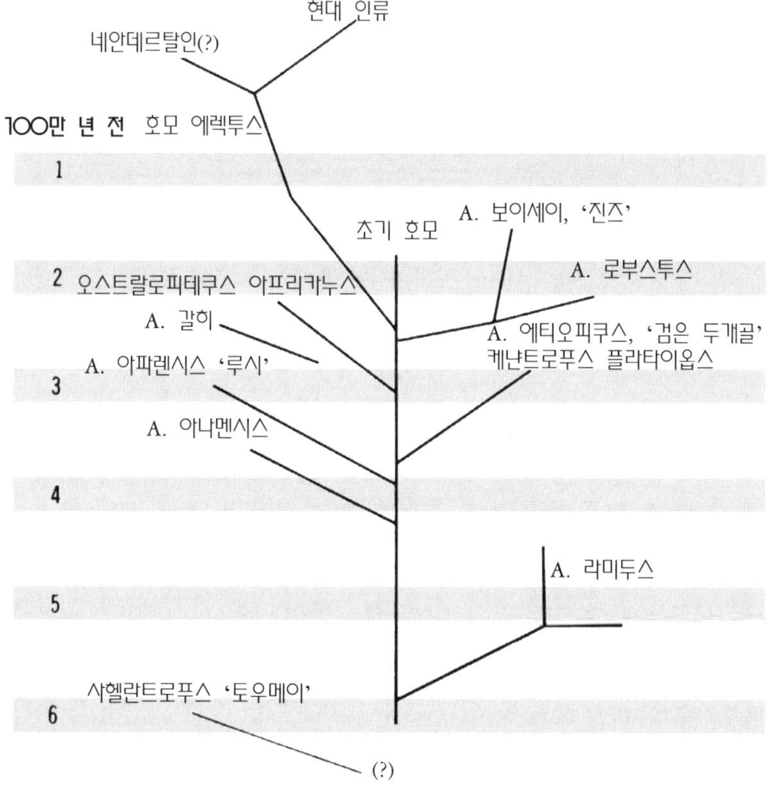

인류계통수. 연관성이 불명확한 여러 분지들이 존재한다. 토우메이 화석도 불명확한 관계 속에 있음을 보여준다.

중에는 우리가 모르는 사람류의 화석이 숨어 있을지 모른다. 여기에는 적은 수의 뼈 조각 표본들로서는 판단하기에 힘들지만 8～10개의 종으로 구성되어 있는 인류 진화도를 추가적으로 구성하는 종들일 것이다. 예를 들어 아파렌시스(*afarensis*)라 불리는 종이 이디오피아, 탄자니아, 차드 등의 지역에서 살던 서로 다른 종일 수도 있다는 것이다.

화석의 기록에 의거한 종의 개념과, 생물학자들이 살아있는 생명체에 대해 부여하는 종의 개념에는 서로 다루기 힘든 차이점이 있으며, 따라서 몇 종의 사람류가 존재했는지는 불확실하다. 인류가 나타난 지 200만 년이라는 비교적 짧은 시간을 감안하고, 인류 화석이 공룡 화석에 비해 지구 표면층에서 발견된다는 점에서, 사람류의 종 수를 확실히 알 수는 없다. 또한 인류의 화석은 특정 대륙에서만 발견되고 특정 환경에서만 화석으로 남아있다는 사실도 유의해야 할 점이다.

캠브리지 대학교의 고인류학자인 로버트 폴리(Robert Foley)는 사람류의 다양성에 있어서 아프리카 지역에서 아직 화석으로 발견되지 않을 뿐이지 우리가 알고 있는 것보다 훨씬 그 종류가 많을 것으로 전망한다.

화석 발견이 꾸준히 증가하여 1970년대에 비해 오늘날에는 화석 기록이나 두 발 인류에 대한 정보가 훨씬 풍부해졌다. 그리하여, 400만 년 전에 이미 두 발을 사용하는 사람류가 존재했다는 것을 알 수 있었다. 문제는 이들 화석을 통해 어떻게 그리고 왜 두 발로 된 인류가 진화해 왔는지에 대해서는 알 수 없다는 것이다. 그래서 인류는 아니지만 사람과 유사한 이전시대의 화석으로부터 중요한 정보를 얻으려는 시도가 있다. 아디피테쿠스 라미두스(*Ardipithecus ramidus*)는 인류 진화도에서 수수께끼 같은 위치에 있다. 1994년에 루시가 발견되었던 곳에서 그리 멀지 않은 이디오피아 불모지에서 캘리포니아 버클리 대학교의 팀 화이트(Tim White), 동경대의 젠 수와(Gen Suwa), 이디오피아 국립박물관의 버해인 애스퍼(Berhane Asfaw) 등으로 구성된 연구팀은 인류 조상의 매우 초기 형태의 값진 화석을 발견하였다. 이들 연구팀이 바로 이 화석을 아디피테쿠스 라미두스라고 명명하였다. 이 화석은 놀랍게도 450만 년 전인 것으로, 인류 진화도 상에서 가장 오래된 것이었다. 발굴 작업이 진행되면서 더 오래된 뼈 조각들도 발견되어 화석의 나이를 600만 년까지 추정하기도 하였다.

이 화석이 발견된 아라미스(Aramis)라는 지역은 화석 발굴가들에게는 꿈의 장소였다. 발굴 작업이 진행되면서 화석들이 계속 발견되었다. 400~600만 년 전에 이 지역은 오늘날의 아프리카와 같이 수많은 종의 동물들이 번성했던 우거진 숲 지대였던 것으로 추정된다. 아디피테쿠스 라미두스는 현시대의 침팬지와 유사하게, 숲 지대에서 서식했던 유인원으로 추측된다. 그러나 이들의 주요 특징은 알 수 없는 상황인데, 이는 90여개에 달하는 화석 조각들이 부서지기 쉬운 암석으로부터 아직도 발굴되고 있는 과정에 있기 때문이다. 화이트 연구팀이 발표한 논문에서는 이빨 구조와 두 발 자세에 근거하여 이들이 사람류와 유사한 유인원이라고 기술하고 있다. 혹은, 이들은 유인원과 유사한 사람류라고 간주 될 수도 있다. 화이트 연구팀은 아디피테쿠스 라미두스가 후기 사람류의 조상일 가능성이 있다고 본다. 발굴 작업이 완성된 후에는 인류 가계도에 대한 좀 더 총체적이고 새로운 시각을 가질 수 있을 것이다. 만약에 아디피테쿠스 라미두스가 완전하게 두 발을 쓰지는 않았던 종으로 판명된다면, 이는 많은 의문점에 대한 대답을 제공해 줄 수 있을 것이다. 모든 두 발 생명체가 유인원의 조상으로부터 유래되어 오늘날의 우리가 있게 했다고 볼 수 있는 것이다.

2002년에 발견된 또 다른 화석이 있었는데, 이는 인류가계도 상의 아나멘시스(*anamensis*), 아파렌시스(*afarensis*), 라미두스(*ramidus*) 등의 분지 구조를 바꿀 만한 것이었다. 프랑스 고생물학자인 미셸 부루네(Michel Brunet)가 아프리카 서부 중심지역인 차드의 사하라 사막에서 초기 사람류, 혹은 유인원 화석을 발견한 것이다. 이 연구팀은 이를 ‘토우메이(Toumai)’라고 명명하였다. 학명은 사헬란트로푸스 차덴시스(*Sahelanthropus tchadensis*)이다. 이 화석의 연대가 관심의 대상이었는데, 약 600～700만 년으로 측정되었다. 이 화석에서 두개골 기저 부위에 척수가 수직으로 관통하였는지 확실치 않으므로 토우메이가 두 발 생명체인지 아니면 단순히 고릴라 화석인지 모르는 상황이다. 다른 전문가들은 연대 측정에 오류가 있었고 단순히 사람류의 화석이라고 추측하기도 하였다. 그럼에도 불구하고 두개골의 발견이라는 점에서 최근 수십 년만의 가장 획기적인 발견이었다고 평가하기도 한다.

2000년에는 케냐 국립박물관의 마틴 픽포드(Martin Pickford)와 파리대학교의 브리지트 세누(Brigitte Senut) 연구팀이 케냐의 투겐(Tugen) 언덕지역에서 600만 년 된 사람과 매우 유사한 화석을 발견하였다고 발표했다. 연구팀은 이 화석을 오로린 투게넨시스(*Orrorin tugenensis*), 즉, ‘밀레니엄 인간’으로 명명하였고, 아마도 이것이 가장 초기의 두 발 보행 사람류일 것이라고 제안하였다. 그러나 대부분의 고생물학자들은 이 화석이 유인원과 유사한 정도가 매우 높다는 점을 들어 연구팀의 의견에 크게 동의하지 않는다. 이러한 논쟁이 있을지라도, 밀레니엄 인간은 현재의 고릴라 혹은 침팬지의 조상이 되어 밀레니엄 유인원이라고 간주될 수도 있을 것이다.

만약 초기 사람류가 굳이 두 발 보행이 아니라면, 초기 두 발 영장류들도 사람류로 분류할 필요가 없다. 직립자세가 사람의 조상 형질일 필요가 없다는 좋은 예가 있는데, 이것이 쿠키 몬스터(Cookie Monster, 역자 주: 미국 어린이 TV인형극 등장인물)라고 불리는 오레오피테쿠스(*Oreopithecus*)이다. 바르셀로나 대학교 고생물학연구소의 마이케 쾰러(mike Kohler)와 모야—솔라(Moya-Sola)가 이 화석을 연구한 결과, 오레오피테쿠스는 700～900만 년 전에 지중해의 한

섬에 서식했는데, 발 구조를 보면 매우 놀랍게도 유인원이나 사람의 어느 것에도 뚜렷이 닮지는 않았으나, 유인원과 사람 중간쯤의 형태를 지닌 것으로 나타났다. 보행 중에는 발가락의 방향이 고릴라와 유사할 것으로 보이는데, 이러한 특징은 넓게 퍼지고 크기가 큰 발가락 형태와 더불어 이 생명체의 발이 기어오르는 기능보다 서서 몸을 지탱하는 삼각대와 같은 역할을 했던 것으로 보인다. 연구팀은 이 외에도 다른 예외적인 뼈 구조를 통해 이 동물의 생활상에 대한 실마리를 잡고자 하였다. 본 저서의 3장에서 언급한 바와 같이 현시대의 사람은 쐐기 모양의 하부 척추 디스크를 보이는데, 오레오피테쿠스도 동일한 쐐기 모양을 가지고 있다. 또한 골반구조도 어떤 종의 유인원보다 사람류와 유사하다.

쾰러와 모야—솔라 연구팀은 이 오레오피테쿠스가 두 발 유인원인 것으로 결론을 내렸다. 그러나 이 생명체가 오랫동안 기대했던 화석 유인원과 사람류를 이어주는 연결고리라는 견해를 갖고 있지는 않다. 연구팀의 견해에 따르면 사람류가 나타나기 오래전부터 직립보행의 가능성에 대한 자연선택 과정이 있었다는 것이다. 이러한 결론은 화석의 나이, 독특한 서식지, 뼈 구조 등에 근거한다고 연구팀은 피력했다. 이 화석 유인원의 발굴 장소는 오늘날의 이탈리아이다. 그래서 오레오피테쿠스는 격리된 섬 지역에서 진화해온 다른 많은 생명체들과 같은 경우라고 본다. 연구팀은 오레오피테쿠스를 공격하여 육식하는 생명체가 발견되지 않았다는 점에 근거하여, 이들이 나무에서 땅위로 이동하여, 다소 어색한 동작이지만, 보행하는데 쉽게 적응하도록 이러한 형질이 진화하였다고 추정한다.

다른 연구자들은 이러한 주장에 의문을 제기하면서, 오레오피테쿠스가 사실은 주로 수직 방향으로 기어오르는 동물이고, 단지 외면적으로 두 발 보행 동물과 닮았을 뿐이라고 주장한다. 그러나 쾰러와 모야—솔라 연구팀의 주장이 맞는 것이라면, 이들의 견해는 훨씬 설득력이 있다. 두 발 보행은 주어진 환경에 맞게 적응하려는 노력의 결과이다. 네 발 자세 혹은 네 발 보행에 비해, 두 발 보행에 어떤 특별한 점이나 신성시될만한 점은 없다. 인류 진화의 초기에 두 발 보행은 여러 서식지에서 먹이를 취하거나 이동에 맞게 여러 형식으로 존재했을 것으로 본다. 이는 나무에서 서식하는 오늘날의 많은 동물 종들의 기어오르는 형식이 각기 다르다는 점과도 일맥상통한다.

다른 곳으로 넘기기?

고인류학계가 현재 인류 진화의 큰 줄기로 오스트랄로피테쿠스 아파렌시스를 정설로 보고 있는 반면, 최근 일부는 다른 주장을 내세우면서 인류의 화석기록을 바라보는데 있어 재미있는 사고에 빠지고 있다. 남아프리카 공화국의 리 버거(Lee Berger)는 오스트랄로피테쿠스 아프리카누스(*A. africanus*)의 원시적인 다리뼈를 묘사하면서 아프리카누스가 비록 아파렌시스보다 최근에 나타난 종임에도 더 원시적인 직립보행의 형태를 보인다고 결론지었다. 이는 커다란 반향을 일으켰는데, 더 현대적인 형태가 나타난 이후에 어떻게 더 원시적인 보행 형태를 가진 종이 출현할 수 있을까 하는 수수께끼를 던진 셈이 되었기 때문이다. 일부 전문가들은 버거가 남아프리카 공화국의 평원인 스터크폰테인(Sterkfontein)에서 발견된 정강이 뼈 표본을 잘못 분석했기 때문이라고 비판하였다. 그러나 버거 자신은 자신의 표본들이 '진화적 역전(evolutionary reversal)'의 결과일 가능성을 믿었다. 이러한 믿음은 자연선택이 일어나는 방식을 지나치게 단순화했을 뿐만 아니라, 동아프리카가 아닌 남아프리카가 인류의 요람이기를 바라는 마음에 따른 것이었다. 남아프리카에서 진화과정이 역전되었다는 설은 전혀 믿을 수 없을 정도는 아니지만, 더 나은 설명들과 비교하면 그 가능성이 매우 희박하다. 350만 년 전에 자세와 걸음걸이에 대한 자연선택이 어설프게 진행되면서 남아프리카에서 한 형태가 나타났고, 얼마 지나지 않아 동아프리카에서 다른 형태가 나타났다는 것이다. 그러나 이는 불타는 건물에 도달하기 위해 사다리를 오르는 소방관처럼 종을 일렬로 세우려는 화석 사냥꾼의 세계관과 강박관념에 기인한 것으로, 종종 혼란의 원인이 되기도 한다.

강건한 세계관

다음 장에서 루시(Lucy)와 그 친척들에 대해 자세히 다룰 예정이다. 이 종들은 약 3～400만 년 전부터 약 100만 년 동안 지구에서 번성하였는데, 이는 호모 사피엔스가 살아온 기간의 6배에 해당한다. 그러나 250만 년 전에 살았던 새로운 오스트랄로피테쿠스 속의 오스트랄로피테쿠스 갈히가 동아프리카에서 발견되면서 아파렌시스의 직속 후손에 대한 논쟁은 더욱 복잡해졌다.

1999년 에티오피아의 화석 전문가인 베르한 아스파(Berhane Asfaw)와 그의 전 스승인 팀 화이트(Tim White)가 그 화석을 발견하였다. 에티오피아의 불모지에 위치한 화이트의 유명한 아디피테쿠스 라미두스(*Ardipithecus ramidus*)의 발굴 현장에서 매우 가까운 곳에서 유해를 발견한 것이다. 오스트랄로피테쿠스 갈히는 지금까지 알려진 인류 화석과는 매우 달랐다. 돌출된 안면과 매우 큰 앞니와 뒷니를 가지고 있었다. 팔은 유인원처럼 길었지만 다른 어떤 원시 인류보다도 다리가 길었다. 이 새로운 종은 아파렌시스의 후예 및 호모(*Homo*) 속의 초창기 인류의 직속 조상일 가능성이 매우 높았다. 또한 석기가 함께 발견되었다는 점이 특이한데, 이 간단한 석기들은 침팬지와 유사한 이 생물체들이 만들고 사용한 것으로, 최초의 연장이 만들어졌다고 생각되었던 시점을 보다 먼 옛날로 물려냈을 뿐더러 매우 원시적인 인류가 동물을 사냥하여 그 시체를 먹었음도 알 수 있었다. 이와 같은 사실을 종합하면 인류의 가계에 대해 혼란이 초래되는데, 이는 바로 그 시기 또는 같은 장소에서 새로운 인류를 발견하리라고 예측하기 어려웠기 때문이다. 이로써 화석 기록이 얼마나 비선형적이고 불완전한지를 알 수 있다.

오스트랄로피테쿠스 갈히의 시대 직후 인류의 가계도는 분지(分枝)되었다. 소수는 아주 독특한 인류의 무리를 이루었는데, 거대하고 강력한 어금니 때문에 이들을 강건한(robust) 오스트랄로피테쿠스라 통칭하였다.

이들 중 최초로 발견된 종은 루이스 리키(Louis Leakey)와 매리 리키(Mary Leakey)에게 있어 그들 일생의 과업이 되기도 하였다. 루이스 리키는 동아프리카로 이민을 간 영국계 선교사의 아들이었는데, 아프리카에서 성장하면서 인류 기원의 열쇠가 바로 그 곳에서 발견되리라고 오랫동안 믿어 왔다. 한정된 경비로 수년 간 여러 곳에서 작은 발견들을 이어가면서 어렵게 일하였다. 특히 건기에만 접근이 가능한 올두바이 골짜기(Oldubai Gorge)를 1930년부터 매년 아내인 매리와 함께 낡은 차를 몰고 다녀갔다. 한 번에 몇 주에 불과한 탐사를, 당장은 연구 성과가 미진할지라도 결국에는 그들의 노력이 보상받으리라고 굳게 믿으며 장시간 진행하였다.

1959년 매리 리키는 매우 진기한 두개골을 발견하였다. 그들이 최초의 인류 두개골이라 예상하였던 침팬지 크기의 두개골이 아니었을 뿐만 아니라, 그가 발견한 것은 그들이 예상했던 그 어떤 유인원의 것과도 달랐다. 두개관은 현란한 광대뼈, 매우 작은 앞니와 안으로 밀려들어간 접시 모양의 얼굴을 나타냈다. 부러진 뼈의 등성이는 세로로 머리 꼭대기를 지남으로써 그 생물체의 머리가 고대 로마의 백인대장이 썼던 헬멧처럼 보이도록 했다. 이 능선은 두개골의 표면적을 넓혀 저작 근육이 자리 잡을 수 있는 공간을 확보하였다. 관자놀이에 손가락을 대고 씹는 동작을 하면 그 아래 부채꼴의 측두근이 작동하는 것을 느낄 수 있다. 이러한 뼈의 능선이 첨가된 덕분에 오스트랄로피테쿠스 보이세이(*A. boisei*)는 다른 초기 인류 종을 포함한 동시대의 동물들이 섭취했던 딱딱한 껍질로 둘러싸인 물체를 먹을 수 있는 강력한 저작 근육을 갖게 되었다.

이 화석들이 가진 또 다른 특징은 거대한 어금니에 비해, 부러진 이빨토막보다 조금 큰 정도의 매우 작은 앞니를 가졌다는 점이다. 이 작은 이빨 때문에 리키 부부는 이 표본을 호두까기 인형 또는 진잔트로푸스 보이세이(*Zinjanthropus boisei*)라 불렀다. 오스트랄로피테쿠스 속에 속한다고 학계가 인정하기 전까지 진즈(Zinj)라 불렸던 이 두개골은 인류학계에 대단한 반향을 일으켰다. 초기 인류의 기원이 동아프리카에 존재했다는 최초의 확고한 증거였기 때문이다. 이 동물의 위치는 수십 년 더 전에 남아프리카에서 있었던 발견으로 더욱 확실해졌다.

진즈의 강건한 두개골과 대조되는 가늘고 섬세한 타웅을 통해 초기 인류가 얼마나 다양했는지 알 수 있었다. 또한 리키 부부의 발견으로 초기 인류가 아프리카 전역에 걸쳐 살았음도 알게 되었다. 오스트랄로피테쿠스 보이세이에 견줄만한 남아프리카의 초기 인류로는 1930년대에 의사이자 화석 사냥꾼인 로버트 브룸(Robert Broom)에 의해 석회석 채석장에서 발견된 오스트랄로피테쿠스 로부스투스(*A. robustus*)가 있다.

아파렌시스, 갈히와 다트의 오스트랄로피테쿠스 아프리카누스가 주로 채식과 약간의 육식(육식의 증거는 갈히에서 가장 확실하고 나머지 두 종에서는 정황적임)을 한데 비해, 강건한 오스트랄로피테쿠스의 어금니는 더 거친 음식에 의해 마모된 어금니를 가지고 있다. 고배율의 현미경으로 관찰한 결과 매우 질기거나 딱딱한 껍질을 가진 음식을 섭취할 때 나타나는 특징적인 패턴을 볼 수 있는데, 이로 인해 강건한 오스트랄로피테쿠스는 다른 초기 인류와의 경쟁을 피할 수 있었던 것으로 보인다. 강건한 오스트랄로피테쿠스는 적어도 250만 년 전에 출현했으며, 100만여 년 전에도 남부 아프리카에 살고 있었다. 동아프리카의 오스트랄로피테쿠스 보이세이는 현생 인류와 같은 속인 호모의 호모 에렉투스가 생존했던 시기까지 함께 동일 장소에 분포했던 것으로 보인다.

이 두 종의 강건한 오스트랄로피테쿠스는 동아프리카의 오스트랄로피테쿠스 에티오피쿠스(*Australopithecus aethiopicus*)를 동일 조상으로 둔 것으로 보인다. 오스트랄로피테쿠스 에티오피쿠스는 1986년 케냐의 투르카나 호수(Lake Turkana)의 서부 호숫가에서 발견되었다. 이것은 첫 표본이 염류에 의해 고색(古色)으로 변한 것 때문에 블랙 스컬(Black Skull)이라는 별칭을 얻게 되었다. 오스트랄로피테쿠스 에티오피쿠스는 강건한 오스트랄로피테쿠스의 조상과 오스트랄로피테쿠스 아파렌시스의 후손이 가질 것으로 예상되는 특징들을 상당히 많이 가지고 있었다. 때문에 이 생명체는 강건한 오스트랄로피테쿠스와 나머지 인류의 가계를 연결하는 다리였을 것으로 추정되었다. 오스트랄로피테쿠스 에티오피쿠스는 세로방향의 능선, 현란한 광대뼈, 거대한 어금니 및 초기 인류가 가진 많은 특징들을 모두 갖고 있었다. 우리는 더 최근에 출현한 보이세이와 로부스투스 두 종이 에티오피쿠스의 직계 자손이라 생각하지만, 키스 웨스턴 리저브(Case Western Reserve) 대학의 멜라니 멕컬럼(Melanie McCollum)은 다른 견해를 가지고 있다. 멕컬럼은 강건한 오스트랄로피테쿠스들의 얼굴에 대한 심층 분석을 통해 남부와 동부의 종들이 동일 조상에서 기원한 만큼이나 다른 조상으로부터 생겨났을 가능성 또한 동일하다고 주장했다. 이는 단순한 선형적인 진화 모델과 맞지 않는 대신, 인류의 역사는 훨씬 복잡하다는 현실적인 청사진에 더 가깝기 때문에 선뜻 받아들이기 쉬운 주장은 아니지만 말이다.

이 세 가지 강건한 오스트랄로피테쿠스 종들은 인류 역사에서 100만 년 이상 번성했으며, 이는 호모 사피엔스가 살아온 기간의 몇 배에 해당한다. 강건한 오스트랄로피테쿠스들은 한 때 꽃피웠으나 진화의 익명 뒤로 서서히 퇴장한다. 이들은 우리 가계도의 두 주요 분지 중 하나일 것으로 추정된다. 나머지 한 분지가 우리와 초기 구성원이 포함된 호모 속으로 진행된다. 1960년 루이스 리키의 아들인 조나단 리키는 너무나 원시적이라, 오스트랄로피테쿠스의 직계 후손으로 보이는 원인의 유해를 발굴하였다. 화석으로부터 추정한 뇌 용량이 오스트랄로피테쿠스보다 3분의 1 이상 컸기 때문에 루이스 리키는 이 새로운 종을 호모 하빌리스(*Homo habilis*)로 명명했을 뿐만 아니라, 이를 호모 속에 포함시키기 위해 호모 속을 새로이 정의할 수밖에 없었다.

초기의 호모와 오스트랄로피테쿠스 보이세이가 동일 연대의 올두바이 계곡(Olduvai Gorge)에서 발견되었기 때문에 루이스 리키는 이 둘이 세상을 공유했음을 알고 있었다. 우리가 속한 속의 초기 종과 오스트랄로피테쿠스와의 차이는 매우 주관적이고 일면 의미론적이며, 이 두 종은 이들을 우리와 유인원의 연결고리로 볼 수 있는 여러 특징도 공유한다. 그러나 리키는 이들의 매우 획기적인 차이점 두 가지를 발견하였다. 보이세이는 튼튼한 어금니를 가진 반면, 리키의 호모 하빌리스는 강력한 뇌를 가지고 있었다. 대단한 뇌의 능력은 아니었을지언정, 그 때까지의 인류가 가졌던 뇌보다 3분의 1 이상 큰 용적을 가진 호모 하빌리스는 유인원의 지위에서 승진하여 더 인간적인 삶에 가까워질 수 있었다. 이 새로운 방식은 석기를 제작하는 기술을 포함한다. 비록 우리는 오스트랄로피테쿠스 갈히 역시 도구를 만들 수 있었음을 알고 있지만, 우리 속의 최초 구성원들이야말로 소비하기 위해 동물 유해를 자신들이 제작한 인공물로 떼어낸 최초의 인류였던 것이다. 호모 하빌리스와 그의 가까운 친척들은 아직도 유인원과 비슷한 특징들을 가지고 있었지만, 인간과 더 가까워질 수 있도록 작은 발걸음을 뗀 상태가 되어, 동 시대의 다른 인류와의 경쟁에서 결정적인 우위를 차지할 수 있게 되었다.

우리의 편향된 현재 지식을 가지고 인류의 진화를 바라보지 말고, 역사가였던 강건한 인류(robust hominid)의 관점으로 생각해 보자. 그는 현재의 인류 진화 상태를 200만 년 전의 관점으로 파악하여 현재의 우리로 진화한 가냘픈 가계가 서서히 몰락하여 종적도 없이 사라질 것으로 예측할 수도 있다. 이 역사가는 다양한 유인원의 종들이 멸종을 향해 서서히 몰락하는 것을 목격할 것이다. 인류의 가계가 단순하게 분지되는 대신 다양한 종들이 출현했다가 사라지는 것을 목격했을 것이며, 강건한 오스트랄로피테쿠스 종들이 인류 진화의 결정체라고 파악했을 것이다. 왜냐하면 이들은 특화된 몸을 이용해 유인원이나 다른 인류가 침투하지 못한 생태적 지위(ecological niche)를 차지했기 때문이다. 이들은 동부와 남부 아프리카에서 번성했으며, 아마도 다른 지역에서 역시 번성했을 것이다. 더 큰 용량의 뇌를 가진 인류 종들과 공존했으나 지구 역사상 가장 성공적인 가계는 작은 뇌 용적을 가진 종이었으므로, 오히려 커다란 뇌 용적은 진화상으로 불리한 조건이라는 결론을 내릴 수 있을 것이다.

강건한 오스트랄로피테쿠스의 관점에서 본다면 그들의 과거와 미래는 장밋빛으로 매우 밝았으며, 수천 세대가 지나서야 지구에서 모두 사라졌을 것이다. 그러므로 우리는 오늘까지 생존하고 있는 자손을 생산한 가계로 관심을 돌려야 할 것이다.

5

만인의 연인, 루시

1994년 봄, 덴버에서 미국 인류학자 협회의 연례회의가 열렸다. 회의는 총 4일간 어둡게 한 방에서 슬라이드를 보면서 진행되었으며, 두 명의 베테랑 인류학자와 인간진화를 전공하는 학생들의 학술발표 형식으로 진행되었다. 언제나처럼 소재는 많다. 많은 사람이 몰리는 회의에서는 최근 발견, 연구 임기 결정 혹은 연구원 채용 등 학문적인 이야기들이 오고 간다. 다른 많은 사람들처럼, 나도 이번 회의에서 한 장의 메모를 기억한다. 에티오피아에서 오스트랄로피테쿠스 아파렌시스의 새 표본이 발견됐다는 보고서였다. 루시의 발견자이자 당시 캘리포니아 버클리의 인류 기원 협회 이사였던 도날드 조한슨(Donald Johanson)은 그의 팀이 최근 발견한 것을 중앙 발표장에서 설명할 예정이었다. 청중은 강당을 꽉 채웠고, 나는 복도 쪽 바닥에 앉아 수백 명의 청중 속에서 강의를 들으려 노력하고 있었다. 오후의 일정은 늦게 진행되었으며, 조한슨의 강의 전에는 많은 청중 때문에 무척 긴장한 대학원생의 발표가 있었다. 발표장은 전체가 입석으로 꽉 찼으며, 청중들은 주요 행사인 조한슨의 강의를 기다리고 있었다.

조한슨은 연설대로 올라 오랫동안 조사한 루시의 초기 종족인 오스트랄로피테쿠스 아파렌시스의 두개골 발견에 대해 설명했다. 이는 매우 중요한 단서의 발견이었다. 루시와 사람류의 완전하지 않은 두개골이 1970년대 하달에서 발견됐었기 때문이다(하나의 두개골을 재구성하려면 다른 두개골의 형태로부터 추정한 것이었고, 최종 결과물은 몇 가지 고인류학적 문제로 비판을 당했다.). 회의 메모는 조한슨에게도 아파렌시스의 다른 측면을 논할 수 있는 좋은 기회를 주었다. 또한 인류 기원에 관해 몇 가지 논쟁거리를 제기했다. 조한슨은 아파렌시스의 하체 해부학을 묘사하는 시점에서 낸시가 어떻게 걸었는가에 관한 민감한 논쟁에 대해 언급했다. (역주: 두 발 보행을 했다는 주장과 네 발로 나무를 탔다는 주장 사이의 논쟁)

뉴욕주립대학교 스토니브룩 캠퍼스의 랜달 서스만(Randall Susman)이 이끈 연구팀은 루시와 그의 동족들이 현대의 직립자세로 걷지 않았다고 수년간 주장해왔다. 서스만의 연구팀은 그 대신 루시의 동족들이 생계를 위해 나무를 오르는 능력과 성향을 유지하였으며, 땅 위에서는 어색하게 걸었다고 주장했다. 연구팀은 가장 최근의 연구에서 루시의 걸음 보폭을 재구성하였다. 연구팀은 루시의 발은 그녀의 다리와 비교할 때, 더 최근의 사람류의 발보다 3분의 1은 더 컸다고 언급했다. 스토니브룩의 연구원들은 걷기에 영향을 준 것들에 대해 이해하기 위해, 특별히 대형 신발을 주문하여 신는 사람들을 연구하였으며, 그 사람들은 현대인류의 보통 걸음걸이와는 매우 다르게 비효율적으로 걷는다는 것을 알아내었다.

이제 조한슨은 스토니브룩의 연구팀을 무력화시키는 한방을 날렸다. 그는 스토니브룩 연구원들의 새로운 연구를 '유명한 광대 신발 가설'이라고 언급했다. 청중들은 숨을 죽이고 나서는 스토니브룩에 대한 비웃음과 조한슨의 풍자에 대한 웃음을 터뜨리기 시작했다.

루시는 드문 경우의 창조물이었다. 루시가 누구였는지 모르는 사람도, 루시가 왜 중요한지 모르는 사람도 기억할 정도로, 루시는 마치 할리우드의 오래된 스타처럼 아이콘이 되었다. 일생동안 그녀는 키는 약 91센티미터였고, 유인원에 가까웠으며, 다른 여느 오스트랄로 피테쿠스의 멤버들처럼 평범한 삶을 살다가 사망했다. 1974년 A.L. 288-I의 극적인 발견으로 그녀는 목록에 실리고 여러 번 묘사되었다. 설명은 주로 에티오피아의 아득한 황무지에서 조한슨이 발견한 특별한 화석이나, 루시라는 이름을 갖게 된 연유 —캠프(팀)이 화석을 찾은 날 밤, 축하하는 자리에서 비틀즈의 노래 다이아몬드와 함께 하늘에 있는 루시(lucy in the sky with diamonds)를 부르고서는 루시라는 이름을 붙였다는— 가십거리에 초점이 맞춰져 있었다. 혹은 조한슨이 뒤이어 발견한 홍수나 재앙으로 함께 멸망했을지 모를 A. 아파렌시스의 전체 그룹인 '첫 번째 가족'에 초점이 맞추어져 있었다.

대중은 루시가 남긴 것이 갖는 의미와 그녀의 일가에 관한 기본적인 논쟁에 대해서는 별로 관심이 없었다. 루시의 실제 이야기는 <인류 진화의 저널>과 <미국 인류학 저널>과 같은 엄격한 과학 저널에 실린 수백 개의 논문들을 거르고 정렬해 연대기적으로 작성되었다. 내가 만약 서류가방을 열고 수많은 간행물 중에 손 가득히 논문을 꺼내 들면, 논문들은 학술 견해에 대한 경쟁이 될 것이다. 베테랑 학자들과 그들의 충성스러운 학생 제자들, 그리고 무례한 새로운 박사들은 수백 개의 논쟁을 일으키는 논문들과 협의회의 공론에 그들의 영향을 나타내기를 열망했다.

비록 보다 최근에 발견된 초기 인류가 아마도 더욱 가까운 우리의 조상이겠지만 A. L. 288-1이 한 연구 업적과 완성된 두개골은 그 동안 발견된 초기 사람류 화석 중에서도 그녀를 가장 중요한 인물로 만들었다. 모든 사람들은 루시를 사랑했다; 지구상에 생존한 어느 여성도 그녀보다 많은 남자(와 여자)의 사랑을 받은 이는 없었다. 심지어 그녀가 죽은 뒤에도 모두들 그녀를 차지하려고 했다 (루시가 갖는 인류학적 의미를 놓고 많은 인류학자들이 논쟁을 벌인 것을 묘사: 역주). 그녀는 인류학자들이 인류 기원의 진실과 모든 인류화석의 현대화 정도를 연대기의 표준으로 삼는 로제타석이 되었다 (로제타석: 나일강 하구에 있는 로제타 마을에서 발견된 문자가 새겨져 있는 비석조각으로 고대이집트 문자 해독의 실마리가 됨, 루시 또한 인류 기원의 실마리가 됨에 따라 루시를 로제타석에 비유함: 역주). 수십 년 동안 그녀의 골격에 관한 온갖 과학적 연구들이 있었음에도 불구하고 인류기원의 가계도에서 그녀의 정확한 위치에 관해서는 완전한 교감이 존재하지 않았다. 과학자 팀은 루시의 전망에 대해 근소한 차이를 내놓으며 전쟁을 벌였다.

1970년대 중반에 조한슨과 팀 와이트에 의해 루시는 처음으로 과학계에 소개되었다. 그녀는 단지 A. 아파렌시스가 인류의 초기 역사에 100만 년 이상 살았다는 것을 대표하는 하나의 표본일 뿐이었다. 그녀라는 표현은 정확해보였다. 최근 루이지애나 주립대학교의 로버트 터그와 켄트주립대학교의 C. 오웬 러브조이는 루시의 여성성을 지지했지만, 취리히 대학교의 연구자 마틴 호이슬러와 피터 슈미트는 루시가 남자였고, 작은 종류의 인류였으며, 또한 다른 큰 종류의 인류와 함께 공존했다고 주장했다. 그들의 주장은 루시의 골반과 틀리는 다른 종류의 오스트랄로피테쿠스 그리고 현대 인류의 비교에 근거했다. 그러나 터그와 러브조이는 루시가 부끄러운 기색 없는 여자였고, 산도(産道)를 가지고 있었다고 설득적으로 보여주었다. (산도: 자궁, 음부, 질을 지칭하며 본문에서는 여성성을 주장하는 근거로 사용되었다: 역주)

조한슨과 와이트는 1978년, 유명한 화석에 대한 그들의 공식적인 해설을 발표했다. 그리고 인류의 가계도에서 루시의 위치에 관한 그들의 뒤이은 연구는 다음해에 나왔다. 오웬 러브조이와 함께 클리블랜드 국립역사박물관의 브루스 라티머, 애리조나 주립대학교의 윌리암 캠벨 또한 골격에 관한 광범위한 조사에 착수했다. 그들의 일치된 의견은 루시가 항상 두 발로 보행했다는 것이었다.

다른 분석 결과에서 러브조이는 더 멀리 내다보았다. 그는 루시는 오직 두 발로만 걸었으며 다른 방법으로 이동하기에는 부족한 구조였다고 결론지었다. 러브조이는 만약 그녀가 조금이라도 기어올랐다면 그 방법은 우리와 같았을 것이라고 주장했으며, 심지어 아파렌시스 또한 현대 인류처럼 두 발 보행을 했다고 주장했다. 그의 주장은 아파렌시스의 대둔근의 재정렬에 기초했다. 루시의 대둔근 규모는 부풀어 있었으며 엉덩이 위쪽으로 이동했다. 러브조이는 이것이 루시의 수직으로 기어오르는 능력을 제한했다고 결론지었다. 무엇보다도 그는 대둔근과 다른 보행 근육의 길이와 압력의 관계 변화 때문에 그녀가 두 발 보행 이외의 다른 목적으로 대둔근과 보행근육을 사용하려 했다면 기진맥진했을 것이라고 결론지었다. 심지어 유인원이 조심스럽게 나무를 오르는 것처럼만 했어도 그녀는 피로를 느꼈을 것이다. 그리고 루시는 나무를 움켜잡을 수 있는 발을 갖고 있지 않았다.

1980년대 초반에 서스만과 그의 스토니브룩 동료들, 잭스턴과 윌리엄 정거스는 언쟁에 돌입했다. 그들은 조한슨이 만들었던 주조된 복제품을 이용해 화석의 척도를 만들었다. 이 증거들은 팔꿈치를 기준으로 위쪽과 아래쪽의 균형이 유사하다는 것과, 나무를 기어오르는 근육이 뼈에 붙는 위치와 뼈의 머리가 부딪히는 위치의 정렬과 유사성을 제시했다.

스턴과 그의 동료들은 A. L. 288-I의 초기 평가에 동의했다. 그녀는 지상생활의 적응에 필요한 중요한 해부학적 요건을 분명하게 보여준 두 발로 걸은 인류였다. 스토니브룩 팀은 두 가지 기초적인 질문을 제기했다. 첫째는, A. 아파렌시스가 어떻게 두 발 보행을 성취했는지, 러브조이가 주장한 것처럼 이 그룹의 사람류는 현대 인류처럼 완벽히 직립보행하였는가 아니면 그들은 단지 중간 형태의 두 발 보행을 보여줬는가 하는 문제였다. 두 번째는 대부분의 생애를 땅위에서 살았는지 아니면 일부 동안은 나무를 기어오르며 살았는가에 관한 질문이었다. 이는 루시와 그녀의 동료들이 완전히 두 발 보행을 수반하지는 않았고 그 삶의 형태가 완전히 지상생활은 아니었을 가능성에 관한 질문이기도 했다. 우리의 초기 조상에 관한 논쟁은 결론이 나지 않도록 균형을 이루고 있었다. 루시의 골격은 금광이었다. 그리고 눈에 띄게 잘 보존된 그녀의 하체와, 골반에 관한 조심스러운 검사로 명료해질 수 있는 자료는 금광맥이 될 만한 부분이었다. 루시와 다른 하달 아파렌시스와 함께 오스트랄로 피테쿠스 아프리카누스, 보이세이, 로부스투스 그리고 호모지니어스의 가장 초기 화석의 해부학적 비교는 주요 저널의 페이지를 장식하기 시작했다.

스턴과 서스만, 그리고 정거스는 이러한 질문들에 대한 대답을 갈구했다. 그들은 1983년 미국 <자연인류학회지>에 긴 논문 투고를 시작으로 공격에 돌입했다. 그들은 오스트랄로피테쿠스 아파렌시스가 현대 인류처럼 완전히 두 발로 걷지는 못했다는 것과, 그 해부학이 여전히 나무에서의 생활에 적응했다는 것을 명백하게 보여주는 증거를 발표했다. 작가는 대담하게 루시를 우리가 찾고자 한 미싱 링크(missing link)라고 주장하였다. 우리 혈통의 어떤 구성원도 루시 이전으로 가면 유인원에 더 가깝다는 것이다.

스턴과 서스만은 아파렌시스가 나무에 살았다고 주장한 것은 아니었다. 그들은 그녀가 나무에 살기도 하고, 지상에서도 살 수 있는 해부학상의 능력을 가졌다고 주장했다. 그들은 손가락뼈들과 손목의 뼈들이 침팬지의 것과 매우 유사하고, 손목의 조합은 아펠리케와 같았다고 지적했다. 완두콩 크기의 조약돌 같은 뼈들은 어떤 의미에서는 유인원의 것처럼 손목에서 길게 늘어났다; 스턴과 서스만은 이것이 루시에게 두 발 보행보다도 손목을 유연하게 쓸 수 있는 능력을 주었다고 제안하고, 나무를 오르는 습성도 가질 수 있었다고 암시했다. 그들은 또한 손바닥뼈가 —손으로부터 분리된 긴뼈들— 나무를 타는 유인원의 것과 같았다고 주장했다. 하지만 그들의 손에 대한 그림은 매우 위태했었다.

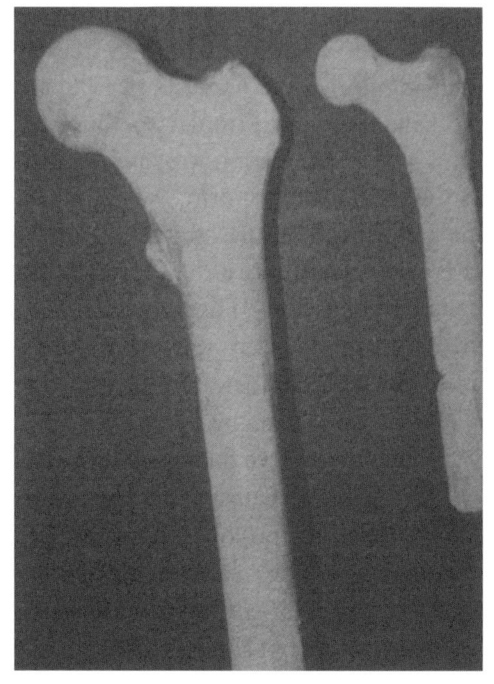

루시의 대퇴골(오른쪽)은 현대 인류의 대퇴골과 비교하여 훨씬 작다. 한 가지 명백한 단서는 오스트랄로피테쿠스 아파렌시스가 더 우리처럼 걸었다는 것이다.

그리고 나서는 엉덩이가 있었다. 스턴과 서스만은 루시가 긴 뒷다리를 가졌으며, 사람의 낮은 골반이 보행의 정상적인 진행을 돕듯이 근육도 갈래를 지어 붙어있다고 하였다. 긴 뒷다리의 부착에 대한 상대적인 관점은 보행을 용이하게 하기 위한 것이라고 간주되어 왔다. 루시의 뒷다리 각도는 현대 인류의 그것보다 아주 약간 길었다. 팀은 밖으로 향하는 돌출된 골반이 납작하고 평평했으며 뼈들은 척추기둥에 기초하고 있다고 하였다. (조한슨과 그의 동료들은 이러한 평평함이 살아있는 것의 특징이 아니라 죽은 후에 화석이 될 때 손상된 결과라고 보았다.)

스턴과 서스만은 대퇴골의 끝 쪽이 무릎에 가까운 것이 다소 유인원의 모습을 띄고 있다고 지적했다. 그리고 그들은 무릎이 인류의 무릎과는 조금 다르다는 것을 발견했다. 그들은 아파렌시스의 무릎은 나무를 타기 위해 만들어졌다는 효과 있는 주장을 했다. 결국 아파렌시스의 발은 유인원의 것과 비슷하다는 것이 밝혀졌다. 발톱 뼈들은 상대적으로 길고 굽어있었다. 조한슨은 그것이 바위 지형을 수직으로 걷고, 무언가를 쥐는데 유용했을 것이라고 해석했다. 그러나 스턴과 서스만은 이러한 제안을 반박하였다.

스턴과 서스만이 이러한 해석을 처음 한 것은 아니었다. 프랑스의 해부학자 브리짓 세녓과 크리스틴 타듀는 이미 독립된 연구로, 루시는 나무를 오르는 능력도 보유했다고 결론지었다. 그리고 몇 년 전 스턴과 서스만의 스승이었던 시카고대학의 인류학자 러셀 터틀은 루시의 뼈대를 보고는 루시가 아파렌시스로서 중간 정도의 나무 생활을 했다는 증거를 찾아냈다.

같은 시기에 정거스는 영국의 유명한 학회지 네이처에 논문을 기고했다. 그는 루시의 위쪽 다리 부분의 뼈가 현대인에 비해 상대적으로 짧기 때문에 루시의 해부학적 구조는 원시시대 사람의 것이라고 주장했다. 정거스는 루시는 침팬지처럼 나무를 오를 만큼 민첩하지 않았으며, 현대인처럼 수직으로 직립보행을 하지도 않았다고 주장했다. 그 동안에 클리블랜드 자연역사박물관의 브루스 라티머와 오웬 러브조이는 스토니브룩 팀이 루시의 골반이 화석화 작용에 따라 비틀린 정도를 간과했다고 주장했다. 그들의 분석은 루시가 '훌륭한' 두 발 보행을 했다는 결론을 뒷받침했다.

이러한 논쟁 시점에서, 조한슨과 러브조이, 그리고 그의 동료들은 우월한 위치에 있었다. 조한슨과 와이트는 표본에 대한 초기의 과학적 의견을 유포했다. 조한슨은 그의 화석 발견과 그녀의 생활사에 관한 그 자신의 해석을 자세히 담은 <루시>라는 책을 발간했다. 와이트는 다른 연구에 관심을 가졌다. 그리고 1980년대 초반에 루시에 관한 논쟁은 주로 조한슨, 러브조이, 라티머에게 남겨졌다. 걷기의 생체역학에 있어 가장 중요한 권위자 중에 한 명인 러브조이는 그의 국제적인 위상을 즐겼다. 조사원들은 가끔씩 그를 범죄사건 장소에 불러 범죄자가 현장에 남긴 발자국을 통해 키와 몸무게를 재구성하는 것에 대한 도움을 요청했다.

조한슨, 러브조이, 그리고 라티머는 1980년대에 역습을 했다. 러브조이는 스토니브룩의 팀이 루시를 다른 인류의 선조들과 구별하는 해부학적 특징을 간과했다고 비난했다. 하부 척추골의 늘어난 수와 (루시는 주요한 유인원이 3개나 4개를 소지한 것보다 훨씬 많은 6개를 가졌다) 골반 뼈의 납작한 부분은 모양 면에서 유인원이 소유한 것과 완전히 달랐다. 러브조이의 분석 결과는 등줄기와 루시의 무릎을 둘러싼 지지부와 머리부가 현대 인류의 것과 흡사하다는 것을 보여주었다.

심지어 브루스 라티머는 러브조이의 주장을 넘어섰다. 그는 정거스, 스턴 그리고 서스만이 단지 피창조물의 구조가 어떻게 자연적으로 그 모양을 선택했는지 이해하지 못했고, 따라서 그들이 루시의 팔과 다리의 비율의 의미에 대해 잘못 해석하고 있다고 주장했다. 라티머에 따르면, 루시는 이미 인류의 상체를 진화시켰고 자연적인 선택은 루시의 직접적인 조상으로부터 팔의 길이를 줄이는 활동을 했다. 왜냐하면 아파렌시스는 그들의 생활방식에서 나무 오르는 것을 이미 그만두었기 때문이다. 아파렌시스의 하체의 변화는 그 동안에 두 발 보행을 자연적으로 증가시키는 결과를 초래했다고 설명할 수 있다. 상체의 변화는 직립보행에 큰 영향을 끼치지 않았고, 그래서 아파렌시스가 나무를 오르는 것을 포기하지 않는 한 그 전보다 많이 줄지는 않았을 것이다. 라티머는 루시가 때때로 기어올랐을 것이라고 인정했다. 그러나 이것은 그에게 문제가 되지 않아 보였다. 왜냐하면 그녀는 해부학적으로 기어오르는 것에 적응하지 않았기 때문이다.

스토니브룩 팀은 예상대로 대답했다. 그들은 러브조이가 걷기의 해부학적 구조에 대해 잘못 이해했다고 말했다. 무엇보다 그들은 조한슨, 와이트, 라티머 그리고 다른 이들이 선택적으로 자료를 고르고 그들의 결론과 일치하지 않는 자료는 기각하였으며, 그들의 완벽한 두 발 보행에 대한 주장을 밀쳐냈다고 주장했다. 러브조이가 재구성한 루시의 걸음걸이를 상기시켰다: 그는 역할이 바뀌는 진화의 실마리가 그녀의 소둔근에서 —대둔근과 중둔근 또한— 발생했다는 것을 보여주었다. 그것은 엉덩이의 추진력을 다리가 서있는 동안 안정적으로 버틸 수 있도록 전환시켰다. 서스만과 스턴은 루시의 걸음걸이에 관한 러브조이의 해석이 뼈와 보행근육의 잘못된 분석이라고 말했다.

스토니브룩 팀은 또한 다른 방향의 조사도 했다. 그들은 침팬지를 근전도검사기에 걸었다. 그것은 걷기와 같은 활동을 하는 동안의 근육의 원형을 측정하기 위한 것이었다. 그들은 러브조이가 루시의 걷기 근육을 주장한 기초가 되는 둔부가 그 기능면에서 러브조이가 생각한 것과 다르다는 것을 발견했다. 팀에서 근전도검사기의 전문가인 스턴은, 중요하지 않은 대둔근 근육은 걷는 동안 침팬지의 엉덩이 확대를 전혀 돕지 않는다는 것을 발견했다. 이것은 두 지성인의 활활 타는 다른 두 가지 견해에 기름을 부었다.

이러한 종류의 불쾌한 학회상의 논쟁은 종종 새로 발견된 화석의 증거로부터 시작되었다. 루시에 관한 논쟁에서는 오래된 증거 하나가 그들을 경쟁시키는 역할을 했다. 인간의 역사에서 가장 유명한 발자국은 1969년 닐 암스트롱이 달의 먼지에 찍은 발자국이 아니라 거의 400만 년 전 동아프리카의 토양에 찍힌 발자국이다. 360만 년 된 극적인 장면이 레톨리라 불리는 지역에 보존되어 있었고, 1976년에 마리 리키가 이끈 북탄자니아 토굴에서 발견되었다. 활화산의 재가 경관을 덮었다. 그 후 비가 내려 재를 축축하게 했고 작은 물방울 흔적을 남겼다. 고대 기린, 코끼리, 그리고 뿔닭은 그 현장을 지나다니며 그들의 발자국을 만들었다. 사람류 또한 재를 지나서 지울 수 없는 궤적을 남겼다. 그것은 그 후에 떨어진 더 많은 재에 의해 덮였고 그것은 여러 세대를 지나 화석으로 남았다.

화석에 관한 몇 가지 사실은 명백했다. 그들은 사람과의 동물이었다. 그리고 그들은 두 발로 걸었다. 그들의 발 역시 우리의 발처럼 아치형으로 생겼고, 둘 혹은 세 명의 사람류는 나란히 걸었다. 가장 최근에 재구성된 조사는 그들 세 명의 키가 4~5피트 정도였다는 것을 보여주었다. 한 명은 일부러 지도자의 위치에서 걸은 것처럼 보였다. 만약 세 번째 개인이 그들과 함께 있었다면, 그 걸음걸이는 다른 이들의 것과 매우 유사했을 것이고, 그것은 그 걸음걸이 속도를 지키도록 변했을 것이다. 그들이 아이가 있는 가족이었든지 혹은 두 명의 남자와 한 여자였든지, 혹은 그 어떤 결합인지도 알 수는 없을 것이다. 하지만 그 궤적 자체는 인류학적인 측면에서 가치가 없었다.

인류학자들은 그들의 나이와 지역 때문에 레톨리 발자국이 오스트랄로 아파렌시스에 의해 만들어졌을 것이라고 간주했다. 발자국과 걸음걸이의 전문가 러브조이는 그것들을 우리의 조상이 오늘날 우리가 걷는 것처럼 걸었다는 뒷받침이 되는 중요한 증거로 보았다. 시카고 대학의 러셀 터틀은 그 흔적을 광범위하게 연구했고, 그리고 그들이 다른 오스트랄로피테쿠스 혹은 사람과가 분명한 하달에서 발견된 뼈들과는 다르다고 간주했다. 그는 레톨리의 보폭이 현대화되었다고 보았고, 그것은 마치 작은 호모 사피엔스가 젖은 모래나 해변에서 만드는 것과 흡사하다고 보았다.

스토니브룩은 그 발자국이 A. 아파렌시스가 '변화하는 두 발 보행'으로서, 처음으로 나무를 벗어났다는 가설의 좋은 증거라고 간주했다. 스턴과 서스만은 아치형의 발이 반드시 두 발 보행의 사람류를 의미하는 것은 아니라고 주장했다. 유인원 혹은 인류가 모래에서 걸으면 명백한 아치형의 발자국을 남길 수 있다. 전반적인 발의 형태는 완전히 두 발 보행을 하는 사람의 것은 아니라고 그들은 주장했다. 스턴과 서스만은 레톨리 발자국을 만든 사람이 하나의 커다란 발가락을 갖고 있었고, 다른 네 개의 발가락은 같은 선상에 있었으며, 확실히 침팬지와 크게 다르지 않았다고 전했다. 또한 스턴과 서스만은 몇 개의 발자국은 침팬지가 젖은 모래에서 하는 행동과 비슷하다고 믿었다. (부분적으로는 서스만이 주장한 악명 높은 광대신발 이론을 시험하기 위한 것이기도 했다.)

마리 리키와 함께 라톨리 발자국을 연구한 팀 와이트는 발굴현장에서 발견한 사람류의 치아에 관한 분석 결과와 흔적에 관한 다른 주장을 발표했다. 그와 그의 정식 석사과정 학생 젠 수와는, 흔적은 사실 오스트랄로피테쿠스 아파렌시스에 의해 남겨졌다고 주장했다. 1978년 정거스—스턴—서스만의 논쟁이 세밀히 분석된 논문은 한 사람이 얼마나 주관적으로 재나 모래 위에 빈약하게 새겨진 자국으로 증거를 찾거나 파기시킬 수 있는지 지적했다. 나는 사우던 캘리포니아 대학에서 스스로 수집한 레톨리 발자국 파편에 시선을 던졌다. 그것은 틀림없이 대충 만들어진 복제품이었고, 그래서 원본의 세부 항목이 부족했다. 하지만 만약 내가 해변을 걷다가 젖은 모래 위에 있는 발자국 흔적을 본다면, 나는 조금 전에 있었던 만조(滿潮) 때 내가 가고 있는 곳을 지나간 몇 명의 아이들의 발자국도 찾으려고 둘러볼 것이다. 그 발자국은 분명히 인간의 것이다. 그것들은 유인원의 발자국과 닮았고 관계도 없지 않았다.

화이트와 조한슨은 하달의 뼈와 레톨리의 뼈들에 관해 오래도록 논쟁을 벌였다. 신성한 땅에 그려진 흔적은 그 전날 발견된 것과 매우 유사했다. 한편, 레톨리에는 증거가 조금도 없었다. 터틀이 설명한 것처럼 다른 어떤 종류의 발전된 인류가 발자국을 만들었을 것이다. 우리는 세 가지 가능성을 갖고 있다. 발자국은 거의 현대 인류에 가까운 레톨리에 남겨지지 않은 사람이 만들었다 (터틀의 주장), 발자국은 우리처럼 걷지 않은 아파렌시스에 의해 만들어졌다 (스턴, 서스만, 정거스의 주장), 아니면 그것들은 상대적으로 진화한 현대인의 두 발 행보를 가장 잘 보여준 아파렌시스의 흔적일지라도, 아마도 현대 인류처럼 걷지 않은 자들을 것이다. (와이트, 조완슨, 수와의 주장) 우리는 어떻게 이 논장을 해결할 수 있을까?

. . .

유인원처럼 나무를 기어오르는 능력은 적응한 초기 사람류가 완전히 직립자세로 걸었거나, 유인원처럼 나무에 기어오르고 두 발 보행을 했을 가능성은 전적으로 누구와 얘기하느냐에 달려 있었다. 그룹은 조한슨, 와이트, 킴벨, 러브조이, 라티머, 이스라엘의 인류학자 요엘 라크, 그리고 몇몇 다른 연구자들과 그리고 스토니브룩 팀(스턴, 서스만, 정거스 그리고 다른 동료들)으로 완전히 갈렸다. 어느 정치적인 시합장처럼 어느 한 쪽과 연결(스토니 대 버클리)을 정하자면 몇 가지 진지한 방해물을 수반했다. 그리고 거기에는 도미노 효과도 있었다. 스토니브룩에서 훈련된 학생들은 그들이 학위를 마치고, 다른 학교에 정착하거나, 그들의 학생을 가르칠 때 스토니브룩의 관점을 세계적인 관점으로 다뤘다. 그 영향은 버클리의 쉐어우드의 학생들 세대처럼 설득적이지는 않았다. 쉐어우드는 많은 수의 학생들로 구성되었고 그들은 미국에서 그 세대 동안 영향력 있는 인간 진화의 학자들이었다. 오늘날 우리는 너무나 많은 지식 독점 연구센터 같은 종류의 연구단체를 갖고 있다. 그러나 과학적으로도 정치적으로도 영향력 있는 스승은 여전히 해박한 지식을 갖고 연구 세대에 영향을 끼치고, 인정을 받고 논문을 발간하고, 그렇게 함으로서 우리가 어떻게 인간 기원을 배우고 연구했는지 강의도 했다.

아마도 당신은 어떻게 모두 부지런하고 똑똑한 사람들로 구성된 두 그룹의 과학자들이 어떻게 같은 데이터를 놓고 이렇게 다르게 분석할 수 있는지 궁금해 할 것이다. 이것이 과학의 부분이면서 전체이다. 원시 인류학자 캐서린 코핑은 맞수의 조사자가 일치된 의견을 낼 수 없는 이유는 3가지 가능성에 있다고 주장했다.

한 연구팀이 데이터를 적절히 조사하고, 반면에 다른 팀이 실수를 했을 때

다른 연구팀이 어떤 부분에서 같은 자료를 다르게 해석했을 때

자연선택에 의해 진화가 어떻게 이루어졌는지에 대해 다르게 해석했을 때

첫 번째 가능성에서는 의심할 여지없이 간단하게 한 팀이 틀린 것이다. 이러한 경우는 삶에서도 그러하듯이 과학에서도 종종 발생한다. 이것이 스턴과 그의 동료들이 러브조이에 대해 주장한 것이다. 2000년 <진화 인류학자>지에 솔직한 비평이 실렸다. 스턴은 자신의 분석 범위를 스스로 조사하여, 연구 접근 방식과 통계 처리, 그리고 기초 전제가 틀렸을 것이라 했다. 그는 많은 요점에서 그의 팀이 실수를 범했거나 그의 동료가 잘못을 범했음을 찾았다. 많은 연구자들이 같은 데이터를 연구하고 같은 질문에 답하려고 노력하는 동안 당신의 경쟁자는 오류를 찾는 경향이 있다. 당신은 동료의 비판에 어떻게 답변할 것인지 선택의 여지가 있다. 실수의 가능성에 대해 정직하게 인정하고 연구를 다시하거나, 아니면 결국 자신의 오류가 본인에게 돌아와 자신을 괴롭히는 것이다. 틀린 결과와 잘못된 분석은 연구자들에게 언제고 나타나 매우 난처하게 만든다.

두 번째 가능성은 다른 연구팀이 같은 데이터를 다른 두 방향으로 보는 것으로, 이런 경우도 흔히 일어난다. 예를 들면 스턴은 그의 팀이 루시의 운동 해부학의 결론과 몇 가지 경우, 양쪽 팀이 사용한 언어가 사실상 기본적으로 같은 결과를 산출해냈음에 동의하지 않는다고 큰 소리쳤던 것을 지적했다. 예를 들면, 루시의 발뒤축뼈에 관한 서스만과 스턴의 연구는 프랑스의 두 발 보행 연구학자 이벳 딜레종이 얻은 결과와 일치했지만, 그들의 견해에 관한 논문을 읽는 것만으로는 절대 그것을 알아낼 수 없을 것이다. 라티머와 러브조이는 서스만과 스턴이 본 뚜렷이 굽은 같은 발가락뼈를 보았지만, 사실상 곡선으로 보지 않았다. 최대의 경쟁자나 동료가 옳을 가능성에 대해 스스로 눈이 머는 것은 과학에 있어서 흔한 자기 착각의 실수이다.

코핑의 세 번째 지적은 과학자들이 초기 사람류의 화석에 대해 다른 결론에 당도하는 가능성이었다. 왜냐하면 과학자들이 다른 기초지식을 가지고 있거나, 어떻게 진화가 일어났는지를 다르게 해석하기 때문이다. 그녀는 이러한 경우가 가장 저항하기 어렵다는 것을 알았다. 과학자들은 각자 진화를 다르게 생각하는 학교에서 교육을 받았다. 우리는 모두 연구를 할 때, 진화가 어떻게 일어났는지에 관한 편견을 가지고 독창적인 방법으로 설명한다. 이것은 같은 패러다임을 갖게 하는 것을 방해했을 수 있다. 자연선택에 관한 예시, 혹은 개념 모델을 만드는 것은 계속해서 새로운 연구와 이론들로 계속 비틀거렸다. 루시의 예에서는 스토니브룩 과학자들과 버클리—클레버 그룹이 서로 다른 기본지식으로 논쟁하게 되었다고 볼 수 있다. 그리고 이러한 깊게 박힌 견해는 같은 작은 정보 조각을 해석하는 방법에도 영향을 끼쳤다.

이 두 그룹의 논문에서 우리는 이러한 '깊게 자리 잡은 의식'들에 대한 증거를 찾을 수 있을까? 라티머의 간행물들에는 자연선택이 어떻게 일어났는지, 그리고 이러한 것들이 어떻게 화석기록에서 발현됐는지를 통찰력 있게 조사한 결과가 나와 있다. 그는 지향적(指向的)인 자연선택의 역할에 대해서 강조했다. 자연선택은 생물체를 한 방향이나 다른 방향으로 강하게 떠밀었다. (안정된 선택, 반대로의 지향 방향은 변화를 간섭하는 어떤 이유가 없이 동물을 기본적으로 그들의 부모와 닮게 하는 진화의 힘이다). 루시의 행동은 그녀의 조상과는 달랐고, 이것이 그녀의 해부학적 구조에 변화를 유도했다. 라티머의 생각을 납득하게 되는 것은 인류의 화석이 진화에 있어서 균형 상태를 전혀 드러내지 않고 있는 것이다.

결정적인 문제는 어떤 관점이 가장 바람직 한가이다. 자연선택은 그들의 이웃보다 조금 더 잘난 일원들의 위대한 재생산의 성공으로 종을 형성한다. 직립자세로 걸음으로써 적은 열량으로도 '보다 훌륭하게'(더 빨리, 더 멀리 혹은 더 안전하세) 걸은 유인원은 때때로 호감 가는 친구를 찾거나 영양가 많은 음식을 찾는데 조금 더 많은 열량을 투자했다. 만약 그, 혹은 그녀가 자식들을 남겼다면 유전적 조합은 자세의 변화를 부호화하고(그리고 그것은 행동의 변화를 보다 중요한 이익에 이용하고) 퍼뜨렸을 것이다. 수 세대를 걸쳐 좋은 유전적으로, 해부학적으로, 또 행동 면에서도 아마도 너무나 많이 변해, 수백만 년 후에 우리는 이러한 화석 기록의 변화를 보고 새로운 모습에 대해 다른 이름을 부여하게 될 것이다. 유인원—인간의 진화 단계에서, 다른 이웃의 형질보다 적합한 진화들은 아마도 영속했을 것이다. 다시 말해, 자연선택은 창조물을 가장 바람직하게 만들고, 생명체의 모든 형질은 언제나 최적이었다고 가정할 수 있다.

하지만 이것이 어떻게 가능할까? 한 상태에서 다른 상태로의 변화의 본질, 그리고 모든 중간 상태가 완벽히 계획적이었을까? 만약 연료를 쓰도록 시작된 자동차로 연료전지로 가는 자동차로 재설계를 시도한다면, 실험 모델은 하나의 성질을 너무 갖지 않고 다른 것이 되기에는 불충분하지 않을까? 자연선택은 이러한 방식으로 작용하지는 않았을 것으로 보인다. 각 단계에서 만약 그 설계가 틀렸다면, 그 진화의 길은 막다르게 되었을 것이다. 이것이 왜 돌연변이와 자연선택에 의한 진화가 매우 느리고 비능률적인가 하는 부분이다.

그러나 라티머는 인간의 진화 과정에서 최적성을 가정하지 않는다. 그는 루시의 뼈대를 보고, 그리고 기어오르기에 적합하지 않게 설계된 몇 가지 특징, 예를 들면, 그녀의 팔의 윗부분을 보았다. 그 결과 그녀는 아마도 기어오르지 않았을 것이라고 가정했다. 하지만 우리는 비록 그녀가 기어오르기에 매우 서투르게 적응했을지라도, 루시가 기어오르지 않았음을 어떻게 알 수 있을까? 왜냐하면 행동의 변화는 해부학적 변화에 선행하기 때문이다. 아파렌시스는 그 해부학적 구조가 완전히 직립보행을 하기 오래 전에 기어오르기를 중단하고 땅위에서 직립보행을 시작했음이 틀림없다. 하지만 이것은 해부학적 구조가 변한 후에 그리고 행동의 변화를 따라잡기 시작했고,

그래서 이것이 화석기록에 두드러지게 나타나지 않았을지 모른다.

논쟁하던 팀들의 승부는 완전히 비겼다. 러브조이, 라티머 그리고 다른 이들이 말한 것처럼 루시는 완전히 직립보행을 했다. 루시는 스턴과 서스만이 말한 것처럼 이행적(移行的)인 직립보행을 했고 여전히 기어오르기도 했다. 논쟁은 일본 영화 <라쇼몬>의 줄거리와 비슷했다. 라쇼몬은 여러 목격자들의 실지 검증으로 밝혀진 범죄 이야기이다. 경찰 조사는 목격자들이 사건을 보는 그들의 제한된 시각에 따라 다르게 재구성되어 분리되었다. 아파렌시스의 경우는 같은 진화의 실제가 뼈를 보는 목격자들의 대립된 시각과 다른 지적인 관점에 의해 다르게 간주되었다.

그러나 스토니브룩 팀은 루시가 '변화해가는' 두 발 보행이라는 맹목적인 관점을 받아들이는 유감스러운 실수를 범했다. '변화해가는'이라는 용어는 정말 완벽한 관찰력으로 전후의 사정을 알 때 쓰는 용어이지 진화적 변화 과정을 이해하는 방법이 아니다. 사실상, 이것은 오해하기 아주 좋은 방법이다. 한편으로 조한슨과 그의 동료들도 완벽한, 습관적인 직립보행이라는 관점에서 표현했다. 한번 그 관점에 단단히 집착하면, 때때로 나무에 오른다고 시인하더라도 논쟁에서 패배하는 것을 의미한다. 그래서 '기어오르는 자로서의 루시'라는 주장은 학술면에서 스스로를 칼로 찌르는 행위였다. 이것이 1970년대부터 조한슨—러브조이 팀이 루시가 땅에 사는 직립보행인이었다고 주장한 주요 원인이다.

유일무이

증거에 기초한 과학적인 방법도 있다. 루시의 골격에 대한 대부분의 연구는 1970년대 후반부터 1980년대에 걸쳐 진행되었다. 이때부터 루시를 보는 관점과 그녀가 보여준 직립보행에 대한 시사점에 큰 변화가 일어났다. 몇몇 연구자들은 루시를 비롯한 그녀의 혈족들이 현대 인류나 침팬지에서는 불필요한 적응 형태를 지녔음을 보여주기 위해 연구에 박차를 가했다.

루시와 그녀의 혈족들은 독특하게 현대와 닮은 형질이 없다. 이들의 이동수단은 주로 직립보행이었으며 나무타기를 보여주는 증거도 있지만, 이는 결국 과도기적인 것이라기보다 제 3의 것이었다. 요한슨과 화이트의 가까운 동료인 락(Yoel Rak)은 루시의 골반을 분석하여, 그녀의 걷는 모습은 직립보행을 위한 중간단계가 아니라 새로운 직립보행동물이 지녀야 할 절충적인 구조라고 결론을 내렸다. 골반이 확장됨에 따라 해부학적인 장점과 단점이 모두 나타났다. 루시의 다리가 상대적으로 짧다는 사실은 직립보행에 따라 무게중심이 위로 이동하게 되고, 이에 따라 자연선택적으로 골반은 넓어지고 대퇴골의 목 부위가 길어지게 되었음을 의미한다. 이러한 보상작용에 의해 심각한 에너지 손실 없이 직립보행이 가능했다.

락이 주장하는 핵심은 루시의 골반이 진화의 중간단계가 아니라 새로운 직립보행동물이 반드시 지녀야 할 절충적 해부구조였다는 점이다. 한편 루시의 골격과 나무타기 적응관계를 분석한 연구자들조차도 그녀가 어떻게 나무를 탈 수 있었는지에 대해서는 회의적이다. 예를 들어, 보스턴 대학의 인류학자 맥래치(Laura MacLatchy)는 아파렌시스가 현대 영장류와는 매우 다른 방식으로 나무타기를 했을 것이라고 주장한다.

워싱턴 대학의 크래머(Patricia Kramer)와 에크(Gerald Eck)는 루시의 특이성에 대한 또 다른 증거를 제시했다. 크래머는 인류 진화를 공부하였고, 보잉사의 토목기사여서 능숙하게 공학적 지식을 이동문제에 접목시킬 수 있었다. 대부분의 연구자들은 우리가 현대적 보행이 가능하게 된 정황과 우리 조상들의 보행방식을 비교하기를 고집한다. 이 경우, 루시는 항상 우리보다 열등할 수밖에 없어서, '과도기적, 직립보행으로 진화 중'이라고 불리게 될 것이고, 이러한 우스꽝스러운 별칭은 인류 진화 연구에서 반복적으로 사용될 것이다. 크래머와 에크는 루시가 현대적인 직립보행동물도 아니고, 그렇다고 비효율적인 불완전한 동물도 아님을 보여주었다. 그 대신, 아파렌시스는 매우 다른 형태의 직립보행 방식을 이용하였고, 특별한 이유에서 우리와 다른 직립보행동물로 보는 것이 타당하다는 것이다. 연구자들은 루시가 짧은 거리를 느리게 걷는 데에 아주 잘 적응했다고 보고 있다. 그녀의 해부학적 구조는 특수한 형태의 이동을 요구하는 생태학적인 상황에 잘 부합되었을 것이다. 이는 그녀가 먹었던 음식의 특성과 분포와 밀접한 관련이 있었을 것이다.

인류의 서식처

루시와 같은 초기 인류의 화석은 그들이 살았던 환경과 사회에 대한 중요한 단서를 제공한다. 현존하는 인류가 진화의 끝이라는 편협한 사고로 인하여 인류 진화의 핵심 과정이 사바나에서 이루어졌다는 고정관념을 낳게 되었다. 오래전부터 인류는 탁 트인 평원에서 기원하였다고 생각해왔다. 실제로 이 관념은 화석이나 여타 증거를 제공해 줄 수 있는 환경적 자료가 발견되기 전부터 나타났다. 다트가 남아프리카의 나무가 거의 없는 초원지대에서 타웅 어린이를 발견하게 되자, 이 생명체는 가끔 음식을 구하는 장소를 제외하고는 숲과 분리된 장소에서 살아갔을 것임이 거의 확실시되었다. 그러나 직립보행의 출현에 대한 다른 여러 단면들이 나타남에 따라 이러한 초기의 단순한 관점은 사라지고 초기 인류의 삶은 더 복잡하고 사실적으로 묘사되기에 이르렀다.

인류가 초원에서 진화했다는 생각은 우리가 누구인가라는 문제에 있어서 꽤 영향력을 발휘해 왔다. 많은 연구 결과, 사람들은 다른 어떠한 곳과 비교하더라도 드문드문 나무가 서 있는 공원처럼 탁 트인 환경에 대해 심리적으로 편하게 느낀다는 사실을 보여주었다. 예를 들어, 사바나에 가본 적이 없음에도 불구하고 아이들은 사바나와 같은 풍경 사진을 선호한다는 사실을 보여준 연구결과가 있다. 이러한 상상의 경향은 공원이 조경된 경위를 설명해주는 것으로 생각되었다. 이렇게 공원과 같은 풍경을 선호하게 된 것에 대한 진화론적인 해석은 진화 역사에 있어서 우리의 뇌가 대부분을 보낸 주위 환경에 대한 어떤 심리적인 배경 때문이라는 것이다. 드문드문 나무가 있는 초원은 동물을 사냥할 때와 위험이 다가올 때 좋은 시야를 제공하며, 풍부한 먹이는 물론 위험에 대한 피난처를 제공한다. 한때 연구자들은 멸종한 인류가 사바나에서 사냥을 하거나 먹이를 찾아 돌아다니며 생활했을 것이라는 세렝게티 모델(Serengeti model)을 믿었다.

이는 진화론적 의미에서 완벽하다고 볼 수 있다. 또한 어찌 보면 완전히 틀린 것이기도 하다. 초기 인류의 서식 환경 일부는 계절에 따라 건조해지는 사바나였지만, 다른 곳은 전혀 그렇지 않았다. 인류에 대한 초기의 증거에 따라 인류가 건조한 환경에서 기원했다고 생각할 수 있지만, 지금은 숲이나 습지에서 기원했을 것으로 믿고 있다. 각각의 종이 선호하는 환경이 있다는 사실에는 의심할 여지가 없다. 초기 인류의 환경을 재구성한 애리조나 주립대학의 고생물학자인 리드(Kaye Reed)는, 최초의 인류와 서식지를 공유했던 고대 동물의 무리를 조사하였다. 만약 풀을 먹는 영양의 고대 화석이 남아있는 고대 서식지가 있다면, 멸종한 종도 초식동물이었을 것이며 사바나에 서식했을 것이라는 진화적 연속성에 대한 기존의 연구들이 많이 있다. 리드는 이러한 연구로부터 진화적 연속성을 추론하기보다는 각 화석 집단의 해부학적인 적응을 분석하는 새로운 단계의 연구를 수행하였다. 그녀는 초기 대부분의 오스트랄로피테쿠스 서식지가 호수와 강이 있는 숲이 무성한 지역임을 발견하였다. 이후 습지를 포함한 주 서식처가 확립되었다. 한편, 미네소타 대학의 고고학자인 태픈(Martha Tappen)은 동부 아프리카에 서식하는 현존의 포식동물인 하이에나와 사자를 연구하여, 우리 조상이 살았던 곳은 숲과 초원이 뒤섞여 있는 지역이 아니라 건조하고 드넓은 사바나였을 것으로 추정하였다. 대영박물관의 앤드류(Peter Andrews)에 따르면, 라에톨리 발자국이 발견된 장소는 오랫동안 초기 인류의 환경으로서 가장 건조한 지역이라 생각되어 왔으나, 지금은 천이가 완전히 진행된 사바나보다 덜 건조했을 것으로 추정하게 되었다. 약 250만 년 전 호모 속이 나타난 이후에야 인간은 아프리카의 넓은 평원에서 지내게 되었다.

인류 문명의 요람이 단 하나의 서식처에서 이루어졌다는 생각은 어리석다. 초기 단계의 원시 인류라 하더라도 생태학적인 적응을 했기 때문에 살아남을 수 있었다. 생존과 혈통을 지속하게 되는 것은 바로 우리가 유연성을 지니고 있기 때문이다.

루시의 삶

시나리오 A: 루시는 주로 땅에서 살았으며 고도로 발달된 직립보행동물이었다. 그녀는 많은 남성과 여성이 모인 사회 집단 내에서 일상적이지만 난잡한 성생활을 하며 살아갔다.

시나리오 B: 루시는 민첩하게 나무를 오르내리며 반(半)공중에 살았다. 그녀는 한 남성과 일부일처제로 살아갔다.

우리는 루시의 삶에 관한 이 두 가지 견해 중 어느 것이 옳은 것인가에 대한 증거를 가지고 있지 않다. 두 가지 모두 추론에 불과하지만, 두 가지 모두 가능하다. 땅 위에서 살거나 혹은 공중에서 사는 것 자체도 특정한 성생활과 연관될 필요가 없다. 그러나 루시가 어떻게 행동하며 살아왔는지에 대한 문제는 그녀의 해부학적 구조에 대한 논쟁의 중심이 된다.

그리고 루시의 해부 구조에 대한 주장과 논쟁은 한마디로 말해 의견이 분분하다. 그러나 그녀의 행동은 그녀의 해부학적 구조에 새겨져 있다. 행동을 재구성하는 것은 항상 추론에 불과할 수밖에 없는데, 그 이유는 사회적 행동은 경골이나 꼬리뼈의 화석으로 드러나게 되지 않기 때문이다. 우리는 전가(傳家)의 보도(寶刀)인 다윈의 진화론을 다시 한 번 인용하여 오스트랄로피테쿠스 사회의 몇 가지 중요한 특징을 그럴듯하게 추론할 수 있다. 다윈은 자연선택이 어떻게 작용하는지를 발표한 뒤 10여년이 지난 후에 성(性)의 선택설을 집대성하였다. 진화의 양 갈래 길 중 한쪽은 암컷과의 교미 기회를 차지하기 위한 수컷들 간의 경쟁이다. 다른 한쪽은 선호하는 수컷을 고르는 암컷의 선택이다. 암컷은 진화의 원동력인데, 이는 다음 세대에 어떤 수컷의 유전자를 많이 전달할 것인가를 결정하기 때문이다. 덩치가 큰 수컷과의 교미를 선택하는 암컷은 궁극적으로 미래의 군집이 큰 수컷과 그보다 작은 암컷으로 구성되도록 할 수 있다. 수컷은 교미 기회를 얻기 위해 때로는 사납게 경쟁하기 때문에 성 선택은 체구, 근육조직 및 다른 성적 차이를 나타내는 해부구조와 행동 방식의 변화를 유발한다.

오스트랄로피테쿠스 아파렌시스 남성은 여성보다 체구와 체중이 훨씬 컸으며, 이는 현대 남성과 여성에서의 차이보다 훨씬 컸을 것이다. 남성 아파렌시스는 크고 강한 두개골과 송곳니를 지니고 있어 늠름하게 보였을 것이다. 일부 연구자들은 루시를 가장 큰 아파렌시스 표본과 비교함으로써 초기 인류가 남성과 여성의 체구에서 극단적인 차이를 나타낸다고 잘못 주장하였지만, 루시는 발견된 아파렌시스 표본 중 가장 크기가 작다. 체구의 성별 차이는 너무 커서 연구자들은 하다르(Hadar)에서 발견된 화석에는 두 종의 오스트랄로피테쿠스가 존재하지 않았느냐 라고 논쟁할 정도였다. 화이트와 요한슨은 현대 유인원 종들과 비교했을 때, 하다르 표본들의 크기 범위는 통계적으로 아주 잘 들어맞는다는 것을 보여줌으로써 논쟁에서 승리했다.

멸종한 동물들이 현대 동물과 동일한 진화 양상을 따른다고 가정했을 때, 루시와 그녀 종족의 두드러진 해부 구조의 성별 차이는 오스트랄오피테쿠스 아파렌시스의 무리가 최소한 하나의 남성과 다수의 성인 여성 및 그 자식들로 구성되어 있었음을 말해준다. 침팬지나 보노보가 멸종한 초기 인류에 대한 완벽한 참고서는 아니지만, 여러 가지 아파렌시스의 생활상에 대한 가능성들을 제시해 준다. 침팬지와 보노보는 전략적으로 난잡한 성생활을 특징으로 하는 매우 유동적인 사회에서 살아간다. 수컷들은 집단의 영역에 대해 텃세를 보이는데, 특히 침팬지는 필사적으로 그러하다. 군집의 형태는 섭식의 필요성과 암컷의 번식주기에 의해 결정되고, 암컷 침팬지는 홀로 또는 작은 집단을 이루어 먹이를 찾아다니는 것을 선호한다. 암컷 보노보는 좀 더 사회적이지만, 여전히 많은 시간을 수컷들보다는 작은 집단을 이루며 보낸다. 두 종의 암컷 모두는 묘령(妙齡)이 되면 다른 군집으로 이동하거나 그들이 태어나고 자란 곳 이외의 다른 곳에 정착하여 번식을 담당한다. 두 유인원의 수컷 모두는 영역을 감시하기 위해 함께 협력하며 암컷들을 통제하기 위해 노력한다. 수컷 침팬지는 수컷공동체를 형성하여 다른 포유동물을 사냥한다. 보노보의 경우 암컷 역시 연합을 결성하여 수컷의 지배를 회피한다.

우리는 오스트랄로피테쿠스 남성들이 루시를 놓고 싸웠는지는 알 수 없지만, 암컷을 얻기 위한 수컷들 간의 경쟁은 현존하는 대형 유인원의 두드러진 특징이기 때문에 충분히 가능한 일로 여겨진다. 고릴라, 침팬지, 보노보의 암컷들은 모두 번식기가 다가오면 상당히 전략적으로 행동한다. 이들은 어디에서든지 가장 좋은 수컷과 자손에게 전달해 줄 최고의 유전자를 찾아낼 수 있는 훌륭한 전략가들이다. 비록 영장류학자들이 이러한 사실을 밝혀내기까지 십여 년이

걸렸지만, 암컷 유인원은 수컷의 번식 욕구를 수동적으로 받아들이기만 하는 존재가 아니다. 비록 많은 과학자들은 오랑우탄의 조상은 그렇지 않았을 것으로 추론하기도 하지만, 암수의 크기 차이가 매우 큰 오랑우탄은 일종의 단독생활을 하고 있다.

우리 조상의 삶의 모습을 정확히 그려내기 위해 이러한 유인원들로부터 얻어낼 수 있는 것은 무엇일까? 하버드 대학의 랭햄(Richard Wrangham)을 포함한 일부 과학자들은 초기 영장류는 폐쇄적인 집단에서 살았을 것이며, 침팬지에서 볼 수 있는 것과 같이 수컷들이 접착제 역할을 했을 것이라고 주장하였다. 침팬지의 행동에 기초한 모델과는 달리, 보노보에 대한 최근의 연구에 의하면, 오스트랄로피테쿠스 집단에서 암컷이 더 중요한 역할을 했을 수 있다. 비록 나는 침팬지 쪽을 선호하지만, 어떤 유인원이 초기 인류에 대해 좋은 모델인지는 아무도 모른다. 최초의 인류처럼 침팬지들도 극동아프리카와 서아프리카의 숲이 드문드문 있는 초원에서부터 대륙 중앙 콩고 분지의 빽빽한 저지대 원시 우림에 이르기까지 광대한 지역에 걸쳐 매우 다양한 서식지에 분포하고 있다. 이러한 생태적 다양성과 광범위한 지질학적 분포를 고려하면, 콩고 공화국에 있는 콩고 강 유역 아래 지역의 저지대 우림이 보노보의 유일한 서식지라는 사실은 초라하게 보인다. 침팬지의 넓은 서식 범위는 돌도끼에서부터 흰개미를 낚기 위한 나뭇가지에 이르기까지의 도구 사용의 문화 전통을 가진 뛰어난 연장기술과 아주 잘 들어맞는다. 보노보는 놀라운 군거성 성생활의 다양성에도 불구하고 그들의 자연 서식지에서 거의 도구를 만들어 사용하지 않는다.

침팬지의 분포와 서식지는 초기의 오스트랄로피테쿠스와 유사했을 것이다. A. 아파렌시스와 같은 종들은 동아프리카 지구대(Great Rift)의 산맥 동부의 강우량이 적은 지역에 펼쳐져 있는 광대한 사바나인 리프트 계곡(Rift Valley)에서부터 남아프리카의 초원에 이르는 지역에서 주로 발견되었다. 그러나 이러한 지역들은 아마도 초기 인류의 유일한 서식지가 아니라 단지 화석이 보존되기 유리한 환경이었을지도 모른다. 최근 마이클 브루넷(Michel Brunet)은 이전의 오스트랄로피테쿠스가 발견된 곳에서 서쪽으로 멀리 떨어진 아프리카의 중부에 위치한 황폐된 차드 지역에서도 초기 인류가 존재했을 가능성을 발견했다. 그러므로 우리가 알고 있는 것과는 상당히 다르게 초기 인류는 아프리카 전역에 걸쳐 살아갔을 지도 모른다. ·

따라서 아르디피테쿠스 라미두스나 오스트랄오피테쿠스 아나멘시스의 성생활과 군집 양상에 대한 타당한 추측은 숲과 초지가 섞여 있는 광대한 영역에서 남성 중심의 군집이라는 것이다. 아마도 여성은 이러한 지역에서 자식들과 함께 작은 집단이나 큰 군집을 이루며 살아갔고, 묘령의 나이가 된 자식은 다른 군집으로 내보냈을 것이다. 남성은 외부로부터의 침입자를 쫓아내지 않아도 될 때에는 여성과의 짝짓기를 위해 그들끼리 싸웠을 것이다. 그들은 과일과 나뭇잎을 주로 먹었으며 곤충 및 작은 사냥감을 빼앗거나 직접 사냥하여 얻은 생고기로 영양을 보충했을 것이다.

이러한 이야기가 침팬지와 매우 유사한 것처럼 들린다면, 그것은 단지 우연의 일치일 뿐이다. 현존하는 침팬지는 루시에 대한 모든 것을 그려내는 데에는 가장 훌륭한 모델이다. 그러나 일부 과학자들은 이러한 결론에 불만족을 나타내고 있다. 어떤 이론가들은 침팬지와 같은 '모델'을 이용함으로써, 오스트랄로피테쿠스의 행동에 대한 다양한 증거를 오도하고 있다고 비판했다. 인류학자들은 광범위하고 다양한 영역에서 얻은 정보를 활용할 것을 주장한다. 그러나 이론가들 역시 인간과 침팬지의 마지막 공통 조상은 침팬지와 매우 유사하다고 결론을 내린다.

나의 동료인 아이오와 대학의 존 앨런(John Allen)과 나는 1991년 논문에서 지적한 것처럼, 초기 인류에 대한 가장 훌륭한 이론 모델일지라도, 실제로는 침팬지, 보노보, 고릴라와 다른 영장류들과 같은 모델들에서 얻은 단편적인 결과들을 하나로 짜 맞추어 모든 과학자들이 그럴듯하다고 생각하는 초기 인류에 대해 묘사한 것에 불과하다. 이는 현재에 대한 정신적 구속으로부터 벗어나는 것이 얼마나 어려운지를 여실히 보여주고 있다.

기초 자산

오스트랄로피테쿠스의 사회 행동에 대한 추측보다는 그들의 생태에 관한 연구가 훨씬 더 안전하다. 사회적 행동은 화석화되지 않지만, 남성과 여성의 크기 차이는 성생활 방식을 추론하는 원동력이 되므로 결국 동물의 물리적 환경에 대한 관계가 좀 더 확실히 밝혀져야 할 것이다. 유인원과 유사한 초기 인류가 현존하는 침팬지나 보노보처럼 아프리카의 밤 동안 나무 위에서 잠자지 않았다면 어떻게 생존할 수 있었을지 상상하기 어렵다. 또 다른 상당히 신빙성 있는 추론은, 초기 인류가 도구를 사용했다는 것으로, 이는 현대 영장류도 대단한 연장기술을 가지고 있기 때문이다. 일부 연구자들은 이러한 전제를 핵심으로 하고 현대의 아프리카 환경에서 침팬지의 거주지와 도구의 분포 양상에 기초하여 오스트랄로피테쿠스의 행동을 재구성하려고 노력했다.

인디아나 대학의 고고학자인 제인 셉트(Jeanne Sept)는 고고학자의 관점에서 침팬지의 거주지를 연구하였고, 거주지 화석에서 석기가 증가하는 등, 가공물이 많다는 것을 발견하였다. 그녀는 이러한 현상의 이유로서, 고대 인류도 오늘날 거대 영장류가 잠자는 것과 유사한 방식으로 잠자리를 마련했기 때문일 것으로 설명했다. 고릴라는 예외적으로 땅이나 땅 근처에 거주지를 만들기도 하지만, 일반적으로 거대 영장류는 매일 밤, 나무 꼭대기로 올라가 나뭇가지를 꺾어 얼기설기 엮음으로써 사발 모양의 매우 안락해 보이는 둥지를 새로 만든다. 그러나 침팬지들은 가끔 동일한 나무의 거주지나 둥지로 몇 번이고 되돌아오기도 하는데, 이것은 아마도 다음날 아침에 과일을 먹기에 편리하거나, 단순히 잠자기 편한 나무이기 때문인 것으로 보인다. 다시 말하면, 우리는 보통 집을 짓는 것을 인간 고유의 특징으로 정의하지만, 일부 영장류들도 잠자기에 편한 곳으로 되돌아오는 경향이 있다는 것이다. 셉트는 인류가 진화함에 따라, 집짓기는 우리 조상의 생활양식에서 점점 더 중요한 부분이 되었다고 설명한다. 집은 수면, 식사, 도구의 생산과 사용 등 일상생활이 집중적으로 이루어지는 장소가 되었다. 생활의 중심지는 주변 환경에 그 표식을 남겨놓게 되고, 이것은 고고학자들이 먼 과거를 재구성하는 데 있어 연구의 대상이 된다.

여러분은 500만 년 전 나뭇잎으로 만들어진 거주지와 막대기 연장이 어떻게 오늘날까지 남아있어, 이것을 추적하는 것이 가능한지에 대해 의문을 가질 수 있다. 서아프리카에서 침팬지들은 견과류를 깨기 위해 돌을 망치처럼 사용한다. 비록 이들은 더 효율적인 도구를 만들기 위해 그것들을 집중적으로 연마하거나 깨뜨리지는 않지만, 반복적인 부딪힘을 통해 세밀한 눈을 가진 고고학자들이 읽을 수 있는 독특한 모양이 모서리에 영원히 남게 된다. 그리고 도구를 모으는 것은 그 자체로 주변 환경의 자연적인 돌의 분포를 변화시켜 오늘날에도 인식할 수 있도록 한다. 이렇게 침팬지가 만든 연장무더기는 고고학적 유적이 되며, 일부 과학자들, 특히 프랑스 학자인 줄리앙(Frederuc Joulian)은 이것들을 고고학적 유적으로 여기게 되었다.

심지어 거주지 자체도 일종의 흔적을 남길 수 있다. 막스 플랑크 진화인류학 연구소의 프루스(Babara Fruth)와 호만(Gottfried Hohmann)은 콩고 숲속의 보노보를 연구하는 중에, 보노보가 주거를 만들기 위해 가지를 꺾은 결과 집짓기에 이용한 나무들에서 독특한 기형이 나타난다는 사실을 발견했다. 프루스와 호만은 이러한 특유의 손상과 재생의 양상을 유심히 관찰한 결과, 잠자리를 마련하기 위해 보노보가 1년 전에 이용한 나무를 찾아낼 수 있었다. 따라서 그 당시의 나무가 현재까지 살아있고 또한 무엇을 찾을지를 안다면, 유인원이 멸종한 숲에서 어떤 일이 있었는지에 대해 비교적 상세한 정보를 찾아낼 수 있다.

루시는 언제나 수많은 사람들이 답을 찾고자 하는 표본이자 과학의 실마리가 될 것이다. 우리는 아마도 그녀가 우리에게 전해준 세세한 것들에 대해 절대 이해하지 못할 지도 모르며, 오스트랄로피테쿠스 아파렌시스가 초기 인류의 조상이 아닌 현대 인류의 직계 조상이거나 또는 알려지지 않은 다른 계열의 조상인지도 불확실하다. 그러나 큰 그림은 분명하다. 직립보행동물은 인류 기원의 초기에 갑자기 나타났으며, 궁극적으로 현대 인류로 이어졌을 뿐만 아니라 아직까지 알려지지 않았거나 발견되지 않은 다른 많은 점들도 지니고 있었을 것이다. 모든 증거는 자연선택의 이런저런 작용으로 두 발 보행을 완성하지만, 처음부터 '완전한 직립보행동물'을 만들어내려 하지 않았다.

6

무엇이 인간을 일어서게 했을까?

아프리카 남서부 지역의 칼라하리(Kalahari) 사막은 생물이 살기에 너무 혹독한 땅이다. 기후가 지나치게 뜨겁고 건조하기 때문에 낮에는 대부분의 동물들이 땅속에서 생활해야만 한다. 이 동물들이 식량을 구하기 위해 밖으로 나오면, 땅의 독사로부터 하늘의 맹금류에 이르기까지 다양한 포식자들과 만나게 된다. 따라서 이들의 생존은 세심한 경계심과 어느 정도의 운에 의해 결정된다. 이런 환경에서 작은 포유동물은 더 큰 동물들의 가벼운 식사거리일 뿐이다.

이러한 작은 포유동물 중에 미어캇(meerkat)이 있는데, 이들은 고양이와 쥐를 교배시켜 얻은 것처럼 생겼다. 이 동물들은 하루 종일 밖에서 생활하기 때문에 항상 포식자의 위험으로부터 노출되어 있다. 그래서 미어캇은 이러한 위험에 대처할 수 있는 방향으로 진화하였다. 이들이 이른 아침에 먹이를 구하기 위하여 그들의 은신처인 굴을 나오면, 한 마리나 그 이상의 개체들이 은신처 주변에서 똑바로 서서 보초를 선다. 그런데 이들이 이렇게 보초를 서기 위하여 똑바로 서는 방법이 인류 진화학자들의 관심을 끌고 있다. 미어캇은 그들의 종족을 보호하기 위하여 똑바로 서게 된 것이다. 그들은 마치 영국 버킹검궁의 근위대가 보초를 서는 것처럼 두 다리를 최대한 꼿꼿이 세우고 주변을 경계한다. 만약 독수리가 나타나게 되면

보초를 서는 개체가 경계 신호를 보내고, 밖에 나와 있던 개체들은 신속히 그들의 은신처로 대피한다.

미어캇이 발로 서는 것이 그 높이로 봤을 때 몇 인치에 불과하지만, 그들에게 일시적으로 생존에 큰 이점을 제공한다. 또한 경계를 위한 두 발 동물의 자세는 왜 우리 인류 조상이 직립을 선택하게 되었는지를 추측할 수 있게 해준다. 보초를 서는 행동이 그 종족의 생존에 더 유리하게 작용하는 미어캇의 예와 다르게, 인류 진화학자들은 우리 조상들은 500만 년 전에 이미 두 발 동물의 경계 이점을 활용했던 것으로 추정하고 있다. 즉, 경계를 하기 위해 직립했다고 하는 것이 인류 기원의 한 이론이다. 이것은 우리가 영장류들의 생김새와 미어캇에서 그 가치를 살펴보면 이해할 수 있을 것이다.

최초의 인류가 직립하여 걷게 된 이유를 밝히기 위해서는, 일반적으로 다른 동물들을 살펴보아야 한다. 그러나 미어캇을 포함한 동물계의 예들은 많은 문제점을 내포하고 있다. 예를 들어 만약 미어캇이 단지 우연한 기회에 서게 된 것이라면, 왜 초기 인류는 두 다리로 서는 것이 필요했는가? 미어캇에 대한 이야기는 제한적이기는 하지만, 인류의 기원에 대한 특별한 이야기를 유추하는데 적합하기 때문에 매우 유용하다.

인류 진화에 대한 이론은 공상적인 것이 아닌 정밀한 과학적 이야기이다. 따라서 인류 진화에 대한 이론이 과학계에서 수용되려면 합리적인 이야기 형태를 갖추어야 한다. 즉, 내가 열성적인 학부생들을 대상으로 인류 진화에 대한 강의를 할 때, 사실과 연구 경험에 입각하여 설명해야만 학생들이 관심을 갖고 경청할 것이다. 사람들은 강연 내용보다는 강연 형태가 그들의 관심을 사로잡을 때 더욱 집중하여 경청한다. 학문적인 자극에도 불구하고 많은 과학자들은 일반적으로 새롭고 흥미로운 이론은 데이터와 훌륭한 상상력뿐만 아니라 독창적인 마케팅 전략도 필요하다는 생각을 하지 못한다.

사람들이 확실하게 인식하고 쉽게 수용하는 이론과, 그렇지 않은 것의 차이는 간단하다. 먼저 사람들이 수용할 수 있는 이론이 되려면 그 분야의 주변 증거들과 잘 일치해야만 한다. 사람들이 지지했던 이론들의 사실적 증거들과 상반되는 새로운 화석들이 발견되면, 이것과 일치하는 다른 이론이 만들어진다. 두 번째는 그 증거들은 내부적으로 서로 대립되지 않고 일치해야만 한다. 만약 그 이론이 내부적으로 잘 일치하고 잘 확립된 사실에 근거하여 만들어진 것이라면, 그것이 비록 나중에 새로운 사실이 발견되어 퇴색될지라도 오랜 기간 많은 사람들이 올바른 이론으로 수용하게 될 것이다.

또 다른 문제는 패러다임(어떤 집단이 공통적으로 인정하고 받아들이는 가정, 규칙, 연구 방법 등)에 대한 것이다. 모든 학자들은 오랜 기간 동안 학계에서 전해져 내려오는 어떤 패러다임을 통하여 지적인 문제에 접근한다. 철학자 토마스 쿤(Thomas Kuhn)은 패러다임 변화와 관련된 대표적인 이론을 제시하였다. 기존의 패러다임은 새로운 패러다임으로 쉽게 바뀌지 않는다. 즉, 기존의 패러다임이 새로운 패러다임으로 바뀌려면 기존의 이론으로 설명할 수 없는 새로운 사례와 증거들이 축적되어, 기존의 패러다임에 위기감이 고조되고, 이것을 설명하기 위한 새로운 이론이 나타나야 한다. 이렇게 되면 뉴턴 이론에 도전한 아인슈타인 이론처럼 기존의 패러다임이 새로운 패러다임으로 바뀌게 되고, 모든 사람들은 새로운 관점에서 세계를 이해하게 된다. 새로운 패러다임은 종종 매우 단순하면서도 고차원적이라 이것을 연구하는 문하생들도 그 이론에 대하여 확신을 갖지 못하는 경우가 있다. 다윈의 진화론이 대부분의 동료 과학자들에게 받아들여진 시기는 1860년대 후반이다.

지금까지, 나는 인류가 호모사피엔스로 진화하는 과정에서 '실종된 고리'인 두 발 조상으로부터 진화해 왔다는 여러분들의 생각을 버리게 하려고 노력하였다. 나는 여러분들이 인류가 초기 두 발 동물에서 발달되어 왔다는 개념을 포함시키지 않은 새로운 세계관을 선택하길 바란다. 두 발 보행이 단지 하나의 이유만으로 나타났다고 생각하거나, 두 발 보행의 기원을 설명하는 동일한 요인들이 나중에 더 큰 능력을 갖게 하였다고 믿는 것은 결코 합리적이지 않다. 인류 진화와 관련된 극단적으로 단순화한 기존의 직선적 모델들은 논리적으로 이해하기 어렵다.

우리는 잘 이해하지 못하고 있는 것에 대한 해결 방안을 찾기 위해서 어떤 가정을 설정하게 된다. 오래전에 멸종된 생물의 행동을 추정하기 위한 하나의 전통적인 방법은, 그것이 현재 생존해 있는 어떤 생물과 닮았다고 가정하는 것이다. 앞에서 언급했던 것처럼 초기 인류와 유사한 생물로 가장 흔하게 인용하고 있는 예로 침팬지를 들 수 있다. 1960년대 후반에 쉐어우드 와쉬번(Sherwood Washburn)과 그의 제자 이르벤 디보어(Irven DeVore)는 실험실에서 골격을 측정하는 것보다 아프리카의 미개간지에서 영장류의 생활을 관찰하는 것을 중요시하는 인류학자들에게는 비비원숭이가 더 설득력이 있다고 하였다. 일부 과학자들은 초기 인류의 모델로 침팬지보다는 보노보(몸이 작으며 자이르에 서식, 멸종위기에 있음)를 더 선호한다. 그러나 유사 종을 이용하는 것은 인류의 기원을 이해하는데 너무 단순한 접근법이라고 할 수 있다. 루시가 했던 것처럼, 몇몇 외형적인 유사성을 근거로 초기 인류의 모델을 현재 생존하고 있는 어떤 한 종으로 고정시키는 것은 우리 조상들이 오랜 기간 환경에 적응하는 과정 속에서 매우 다양한 변화를 겪었을 것이라는 사실을 간과하는 것이다. 그러나 초기 인류의 모델을 추정하는 출발점에서 침팬지, 보노보 그리고 다른 영장류를 배제시키는 것은 거의 불가능하다. 영장류는 인류의 최우선적인 조상이라고 할 수는 없지만 차선일 수 있다. 우리가 알고 있는 것처럼, 학자들은 최초 인류의 형태를 추정하기 위하여 광범위한 사실적 자료들을 수집하여 분석하였고, 그 최종적인 결과는 침팬지와 매우 유사하다는 것이다. 이것은 우리가 늘 동물원의 고릴라로부터 텔레비전의 침팬지까지 큰 유인원들을 접하고 있기 때문인 것 같다. 초기 인류의 외모와 행동이 침팬지와 비슷했을 것이라는 고정 관념은 쉽게 떨쳐버리기 어려울 것이다. 우리는 주변에서 유인원들을 쉽게 볼 수 있는 것에 감사해야 한다. 만약 유인원들이 없었다면, 루시의 골격에 살과 머리를 덧붙인다 해도 그 형태를 쉽게 추정하기 어려웠을 것이다.

우리 조상들이 어떻게 그리고 왜 두 발 보행을 하게 되었는지 설명하는 가장 그럴듯한 몇몇 이론들을 생각해보자. 인류기원 모델들은 중요한 기계적인 변화, 생리적인 변화, 그리고 키 큰 풀 위를 보려고 하고, 식량을 운반하려고 하는 것과 같은 다른 행동들을 예로 많이 인용한다. 그리고 많은 이론들은 두 가지 정도로 통합할 수 있다. 하지만 행동, 문화적 전통, 또는 기술을 예로 인용하는 것에는 문제가 있는데, 화석 기록은 행동에 대한 실제적 증거를 거의 제공하지 못한다는 것이다. 예를 들어, 캘리포니아 과학협회의 니나 자브론스키(Nina Jablonski)와 그녀의 동료인 조지 채플린(George Chaplin)은, 초기 인류는 그들이 일어서려는 것을 방해하는 요소들을 억누르고 자신을 인상적으로 표현하려는 욕구에 의해 두 발 보행을 하게 되었다는 이론을 발표하였다. 그러나 이 이론은 화석 기록에 그러한 행동에 대한 흔적이 남아있지 않기 때문에 단지 상황적인 증거만을 가지고 설명할 수밖에 없다. 인류의 진화에 대한 다른 많은 이론들처럼 그것은 대체로 논리적으로 잘 구성된 추측일 뿐이다. 오래전에 레이몬드 다트(Raymond Dart)는, 초기 인류에게 직립의 가장 큰 이점은 키가 큰 풀들로 덮여 있는 대초원에서 포식자들을 볼 수 있었던 것이라는 이론을 제시하였다. 이러한 아이디어의 기본적인 문제점은 무엇이 나타났을 때 그것을 보기 위해서 일어서서 머물 수 있는 시간은 몇 초에 불과하다는 것이다. 다트의 이론은 지지할만한 증거가 없는 하나의 흥미로운 이야기일 뿐이다.

인류 기원에 대한 또 다른 이론은 논리적으로 잘 구성된 추측 모델인 수생유인원이다. 거의 대부분의 과학계에서는 그것을 크게 신뢰하고 있지 않지만, 수생유인원 가설은 일반 사람들로부터 많은 지지를 받고 있다. 10년 전 알라스테어 하디(Alastair Hardy)에 의해서 제안된 아이디어를 근거로 이 가설을 설정한 엘라인 모건(Elaine Morgan)은 연속적으로 출판한 그의 책을 통하여, 인류 진화 역사에서 현재 해부학적으로나 생리학적으로 그 흔적을 발견할 수 있는 수생(水生) 단계가 있었다고 주장하였다. 하디와 모건의 이론에 따르면, 우리 인류 조상들은 진화의 어떤 결정적 연결 시점에 해안이나 호수근처에서 살았다는 것이다. 모건은 그 증거로 우리 인간은 돌고래와 바다표범처럼 비교적 털이 없고, 물에 뜨기 좋게 피하지방이 발달되어 있으며, 물속에서 오랫동안 헤엄칠 때 호흡을 조절할 수 있는 것 등을 예로 들고 있다. 그녀는 또한 인간의 특별한 체온조절 능력, 손재주(조개껍질을 매우 잘 깔 수 있는), 그리고 두 발 보행(얕은 물을 건너고 헤엄치는데도 좋은) 등을 지적하고 있다.

훨씬 더 유명한 다른 이론들처럼, 수생 가설도 많은 전제를 깔고 있는데, 문제는 그 전제들이 잘못되었다는 것이다. 인디애나폴리스 대학의 생물학자 존 랭돈(John Langdon)은 인류가 물속 환경에 적응하였다고 하는 모건의 주장은 모든 것이 사실상 허구라고 하였다. 수생동물들이 털이 있는 육상 포유동물들(코끼리, 코뿔소, 돼지 등)보다 더 털이 없는 경향을 보이는 것도 아니다. 우리 손이 조개를 깔 수 있도록 진화하였다는 생각은 하나의 이야기일 뿐이다. 따라서 우리도 틀림없이 그동안 제안된 이론들의 문제점을 파악하여 짧은 시간 안에 많은 독창적이고 훌륭한 추측들을 제안할 수 있을 것이다.

수생 가설은 인류 진화를 공부하는 학생들이 피해야 하는 사상누각적인 이론의 한 예이다. 그러나 그것은 우리에게 중요한 교훈을 주고 있다. 즉, 그것은 우리가 이론을 설정하는데 내적인 일관성과 합리적 설명이 얼마나 중요한 것인가를 깨닫게 한다. 좋든 나쁘든 인류의 두 발 보행에 대한 가장 유력한 이론들은 '원동력'(prime-mover) 이론들이다. 두 발 보행이 어떻게 생겨났는지를 설명하는 이 모델들은 그것들의 지렛대로서 하나의 핵심 특징을 사용한다. 또한 광범위하게 자료를 찾아 정보를 얻은 다음 두 발 보행이 나타나게 된 원인을 일관성 있고 합리적으로 설명하고 있다. 물론, 우리는 다른 것을 토대로 하나의 전제를 쌓아갈 때마다 어떤 문제점이 없는지를 살펴보아야 하는데, 대부분의 원동력 이론들은 내부적인 모순에 의해 사라지고 있다. 그러나 이 이론들은 두 발 보행에 대한 '러브조이(Lovejoy) 모델' 또는 '졸리(Jolly) 모델'을 제안하는데 많은 영향을 끼치고 있다.

만약 두 발 보행에 대한 이론이 확고한 데이터에 근거하여 제시된 것이라면 그 자체적으로도 유지가 될 것이다. 1장에서 살펴보았던 것처럼, 인류 진화에 대한 가장 최초의 이론은 도구의 사용이 인류의 조상을 인간으로 발달시킨 원동력이었다는 생각에 근거를 두고 있다. 이런 생각은 다윈이 처음으로 하게 되었는데, 19세기 후반과 20세기를 거치면서 도구 사용의 중요성에 대한 사람들의 생각이 점점 희미해져 왔다. 쉐어우드 와쉬번은 인류 진화의 원동력으로써 도구 사용에 대한 관심을 되살아나게 하려고 노력하였다. 그러나 250만 년 전에 나타난 도구와 300만 년 이상이나 더 일찍 시작된 두 발 보행으로의 변화 사이의 진화적인 단절을 설명할 수 없다.

다른 원동력들 중에서 일부가 영향을 미쳤는데, 레이몬드 다트는 초기 인류의 직립의 가장 큰 이점은 키가 큰 풀들로 덮여 있는 대초원에서 포식자들을 볼 수 있었던 것이라는 이론을 제시하였다. 이 아이디어의 문제점들 중에는 인류 진화의 가장 초기 단계는 숲이 없는 곳보다는 숲이 있는 환경에서 일어났다는 사실을 최근에 알았다는 것이다.

침팬지나 보노보는 무엇인가를 운반할 때 종종 직립하는 것을 볼 수 있다. 그러나 그들은 우리가 알고 있는 것처럼 두 다리로 먼 거리를 걸을 수 없기 때문에, 직립 상태로 물건을 먼 거리까지 운반하지 못한다. 만약 침팬지들이 좀 더 먼 거리까지 물건(돌이나 음식물)을 운반해야 되면, 보통 사타구니 속에 끼어 넣고 간다. 그래서 물건을 나르는데 필요한 손을 사용하기 위해 직립했다는 이론은, 생존하고 있는 유인원들의 행동에서 그것을 지지하는 긍정적인 해답을 찾기가 어렵기 때문에 쉽게 수용되지 못하고 있다. 그럼에도 불구하고 운반 개념은 많은 이론을 제안하는 사람들의 관심을 끌고 있는 원동력이다. 우리는 음식을 발견한 곳에서 다른 곳으로 가져가거나, 더 안전하게 먹을 수 있는 장소로 운반할 수 있으며, 도구를 필요한 장소로 운반할 수도 있다.

아마도 1980년대 이래 가장 논의가 많이 된 이론은 오웬 러브조이(Owen Lovejoy)가 제시한, 음식을 운반하는 것과 일부일처제, 그리고 인류의 여성 생식계의 기원을 통합하여 설명한 모델일 것이다. 1981년에 유명 학술지인 사이언스에 실린 러브조이의 이론은 잘 정립된 내용을 전제로 시작하고 있다. 그가 관찰한 다양한 형태의 원숭이 화석들은 인류가 출현하기 전에 사라져간 것들이다. 우리가 살펴본 것처럼, 그 당시에 지구상의 열대림에는 오늘날 우리가 볼 수 있는 원숭이들만큼 매우 다양한 유인원들이 살고 있었다. 그러나 현재는 사람들이 산림 훼손이나 밀렵을 하지 않는 곳에서도 많은 종류의 유인원들이 멸종되어가고 있다. 오늘날 살아있는 네 가지 종들은 먼 옛날 번성했던 그들 조상들의 희미한 흔적일 뿐이다. 이러한 현상은 왜 일어난 것일까?

러브조이는 이렇게 유인원 종의 수가 감소된 것은 유인원의 번식률이 매우 낮았기 때문이라고 주장하였다. 이 유인원들의 자손 출산 간격은 대부분의 인류사회에서 볼 수 있는 2년보다 훨씬 길다. 고릴라의 출산 간격은 약 4년, 침팬지와 보노보는 4~5년, 오랑우탄은 6~7년 정도이다. 만약 오랑우탄 암컷이 16세에 첫 번째 새끼를 갖고 36세에 마지막 새끼(야생상태에서 볼 수 있는 전형적 양상임)를 갖는다면, 일생동안 단지 3마리의 새끼(비비원숭이와 붉은털원숭이 암컷은 오랑우탄보다 절반 정도의 짧은 생식수명을 갖지만 많은 새끼를 낳음)만을 낳아 기를 수 있다. 그렇다면 원숭이들이 유인원들보다 번식을 잘하고 이 때문에 유인원의 화석이 찾기 어려운 것이라고 러브조이는 설명하였다.

더욱 중요한 것은, 러브조이는 우리의 직계 조상들이 유인원들과 함께 자연선택적 측면에서 성공적으로 적응하지 못했다면, 모든 인류 계통은 고대 유인원 계통의 자손들처럼 불리한 생식적 경로를 거쳐 왔을 것이라고 하였다. 이러한 생식이냐 죽음이냐의 딜레마는 건조한 기후가 동아프리카의 광활한 열대림을 파괴하여 숲과 초원으로 된 때인 약 500만 년 전에 나타났다. 사람류가 출현하면서 먹을 수 있는 과일 나무의 열매는 점점 더 적어지고, 좀 더 좋은 음식을 구하려는 유인원이나 인류는 더 넓은 초원을 횡단하게 되었다.

러브조이에 따르면, 이러한 환경 속에서 최초의 사람류는 걷게 되었다. 러브조이는 최초의 두 발 동물이 고도로 정교화 된 두 발 보행을 하였다는 것을 가장 열렬하게 지지하는 사람들 중에 한 사람이었다는 것을 기억하자. 그는 과일을 구하기 위하여 넓은 대초원을 횡단하는데 적합하도록 적응하는 과정에서 두 발 동물의 보행이 나타나게 되었고, 음식에서도 고기를 먹는 양이 증가하게 되었다고 하였다. 그는 인류만이 가지고 있는 가장 독특하다고 추정되는 형질들이 결국은 독특한 것이 아니라는 것을 계속 지적하고 있다. 다른 영장류들도 마주볼 수 있는 엄지손가락을 가지고 있고, 오로지 인류의 특징인 것으로 생각되었던 많은 다른 해부학적 형질들 역시 다른 영장류들도 가지고 있다. 도구의 사용은 두 발 보행이 나타난 것보다 훨씬 늦게 시작되었다. 러브조이에 따르면, 최초의 인류 조상을 같은 계통의 유인원으로부터 분리시킨 결정적인 형질은 암컷의 생식 생리라는 것이다.

우리는 암컷 침팬지의 엉덩이 끝부분이 분홍색 풍선처럼 부풀어 오른 것을 볼 수 있다. 이러한 성적 돌출부는 성적 유효성을 확실하게 알리는 신호이며, 배란 중이라는 것을 알리거나 수컷의 관심을 끌려는 신호이다. 그것이 침팬지와 보노보에서는 붉은색 형태로 나타나지만 인류의 여성에서는 전혀 드러나지 않는다. 러브조이는 여성이 배란이 일어나고 있다는 것을 알리지 않는 것과, 사람류가 진화하면서 나타난 다른 형질들 사이에 연결고리가 존재하는 가능성을 알아냈다고 하였다. 암컷 조상은 넓게 퍼져있는 음식물을 주워모아 식량을 확보하려고 하였고, 수컷은 가능한 한 많은 암컷과 교미를 하려 했다. 이것은 암컷에게는 불리한 게임이었기 때문에 한 달 주기마다 며칠 동안만 임신이 가능하도록 하였다. 만약 암컷 조상이 성적 유효성을 알리는 돌출부를 없앰으로써 자신의 생식적 상태를 감추기 시작했었다면, 수컷은 암컷에게 접근하기 위해서 더 큰 유인책을 가져야만 했을 것이다. 아마도 그 유인책 중에 하나가 암컷에게 음식물을 제공하는 것이었다.

이것이 러브조이가 알아낸 두 발 보행과의 관련성이다. 숲이 줄어들면서 수컷들은 음식을 구하고, 그 음식을 다른 수컷의 유혹에 넘어가지 않도록 보호해야 하는 암컷에게 갖다 주기 위해 더욱 멀리 걸어야 했다. 두 발 보행이 보행의 에너지 효율성을 높였고 수컷이 팔을 이용하여 음식을 운반할 수 있도록 했다. 수컷이 집으로 돌아오면, 암컷은 수컷에게서 받은 음식으로 평상시보다 더 많은 영양분을 섭취하여 자신의 몸을 임신하기 좋은 상태로 만들었다. 암컷 조상의 출산간격이 짧아지고, 사람류가 출현하면서 원숭이들의 입지는 점차 좁아지면서 간신히 멸종만을 면하게 되었고, 인류는 새로운 초원지역을 지속적으로 공략하여 빼앗고 결국 세상을 정복하게 되었다.

러브조이의 이론은 확실히 그럴듯하다. 이 이론은 옛날 기후, 해부학적 구조, 생식 생리학 측면, 그리고 음식물을 운반하는 것, 과일을 먹는 것, 교미하는 것과 같은 행동을 통하여 추측한 모든 정보를 통합하려고 노력했다. 그러나 많은 전문가들은 이 이론이 새로운 아이디어만큼 많은 결함을 갖고 있다고 생각한다. 우리는 현재 인류 진화의 결정적인 단계는 대초원이 아닌 숲에서 일어났다고 생각한다. 그리고 러브조이의 가정과 다르게, 침팬지와 인류의 조상은 큰 성적 돌출부를 가지고 있었다. 아마도 가장 혼란스러운 것은, 러브조이가 사람류의 자연적 교미 시스템이 일부일처제였다고 가정한 것인데, 이것에 대한 많은 반증들이 있다. 여러 가지 증거들을 살펴보면, 사람류의 교미 시스템은 현재의 침팬지들처럼 일부다처 형태였음을 알 수 있다. 이러한 문제점에도 불구하고, 러브조이 모델은 이야기 자체가 매우 흥미롭기 때문에 많은 관심을 끌고 있다. 러브조이 모델에 대한 논쟁이 계속되고 있음에도 불구하고, 근본적으로 혹은 논리적으로 옳지만 러브조이 이론보다 이야기를 전개하는 질적인 면이 부족한 다른 이론들은 1980년대 이래 논의 대상에서 제외되었다. 러브조이 이론은 자연의 세계를 지배하는 목적을 달성하기 위해서 매우 불리한 상태(낮은 생식률과 변화무쌍한 기후)를 극복해야만 하는 약자(출현된 유인원과 인류)에 대해 특징적으로 다루고 있다. 그리고 이것은 현재 시점에선 가장 합리적인 결말인 것 같다.

첫 번째 걸음

나는 두 발 보행의 기원에 관한 더욱 그럴듯한 이론이 있다고 확신한다. 두 발 보행으로 이행하기 위해서 우리는 한 가지 이유로 혹은 첫 번째 걸음을 위해서 반드시 일어서야만 한다는 개념을 떨쳐버려야 했다. 마치 우리의 해부학적 구조처럼, 그 구성 요소들은 다른 시간에 다른 이유들로 함께 모습을 드러냈다. 첫 걸음을 과거로부터의 확실한 벗어남(새로운 거주지에 들어서거나, 새로운 삶을 시작하는 것)으로 보는 관점보다 두 발 보행을 유인원이 이미 새로 시작한 것을 더욱 자주 하기 시작한 것으로 보는 관점이 더욱 이해가

쉬웠다. 그 후의 행동은 그들의 해부학적 구조에 자리 잡았다. 갑자기 주창된 유인원으로부터 인간으로의 급진적인 전환이라는 이론은 과학세계로부터 거의 지지 받지 못했다. 이러한 결과는 물건을 나르는 것에 관한 이론의 파멸을 초래했다. 왜냐하면 침팬지들은 단지 물건을 나르기 위해 직립으로 서지 않기 때문이다. 반면에 유인원들이 두 발 보행 사람류를 이끌어냈다면, 아마도 자유로운 팔로 도구나 아기를 나르는데 썼을 것이다. 따라서 인간 기원에 대한 어떤 이론도 만약 그 이론의 중심에 인간 활동이 있다면 의심받게 되었다.

만약 우리의 첫 두 발 보행이 아프리카 사바나의 육식동물이 들끓는 요란한 곳이 아니라 숲의 안전한 그늘에서 시작됐다면, 우리는 두 발 보행이 왜 필요했는지 어떻게 가늠할 수 있을까? 걷기, 그 자체처럼 아마도 정답은 발표된 모든 이론보다도 더욱 매혹적일 것이다. 두 발 보행을 이해하는 핵심은 그것이 한 가지 이유나, 첫 걸음으로부터 발생했다는 개념을 잊어버리는 것에 달려 있었다. 두 발 보행은 복잡한 예술과도 같다(모자이크 조각처럼). 그것은 수백만 년 동안 조립되어 왔다.

일어서서 똑바로 걷기 위한 필수적인 이유는 반드시 하루하루 생존과, 번식(먹는 것과 짝짓기를 의미한다)과 밀접히 연관되어 있어야 했다. 그러면 우리는 큰 목초들을 나르거나 키 큰 풀 위를 보기 위해 두 발 보행을 채택했다는 가상적인 시나리오를 제쳐둘 수 있다. 아마도 높은 순위에 있는 수컷에게 두 발 보행이 어떻게 짝짓기의 성공을 향상시켰을까를 상상하는 것은 어렵다. 그리고 이것은 왜 여성에게도 두 발 보행이 일어났는지를 설명하지 못한다. 몸이 견뎌야만 했던 극한 변화와 생존을 위한 교환이 수반되고, 진화 압력이 남성과 여성에게 같이 적용됐다는 것이 더 논리적이다.

음식을 찾고 먹는 것은 유인원과 다른 모든 동물에게 일상(日常)의 대부분이다. 이러한 장기간의 진화 압력은 절대로 사라지지 않을 것이며 —가장 지독한 굶주림을 제외하고는— 거의 항상 조금씩 증대하도록 작용한다. 가장 영양분을 풍부히 가진 암컷은 음식을 위해 경쟁하는데 있어서 최고의 힘을 가졌다. 스스로를 가장 잘 섭식한 남자는 짝을 찾기 위한 싸움에서 더 큰 힘을 가진다. 그래서 더 나은 두 발 보행을 하기 위한 최고의 일면(一面)은 과연 직립이 먹을 음식을 찾는데 있어서 더 유리한가 하는 것이다.

나는 침팬지 연구를 그들의 직립보행에 특별한 관심 없이 시작했다. 서커스를 제외하고 침팬지는 직립보행을 자주 하지 않았다. 사실상 내가 1990년대에 곰비 국립공원에서 침팬지를 관찰하며 보낸 몇 년 동안, 나는 단 한 번도 침팬지가 서있거나 직립으로 있었던 것을 본 기억을 회상할 수가 없다. 나는 일본의 동물학자 토시사다 니시다(Toshisada Nishida)가 유명한 침팬지 연구를 한 탄자니아의 마하레 국립공원을 방문한 적이 있다. 니시다는 단지 7마일 떨어진 곳에 있는 제인 구달이 개척적인 발견을 한 것을 수차례 확인한 몇 년 후에 그의 작업을 시작했다. 마하레는 바위투성이 초원에, 숲이 우거진 언덕들이 있는 작은 개울이 흐르는 곳이었다. 일본 연구팀이 한 무리의 침팬지를 따르는 동안 하루는 나도 장시간 침팬지와 단둘이 있게 되었다. 한 마리 침팬지는 개울가에 접근했다. 침팬지는 특히 물을 싫어했다. 그들은 물에 대해 매력을 느꼈으나 깊이 들어가는 것을 피했다. 큰 수컷 침팬지가 물속에서 놀고 있었다. 그는 발로 물을 휘저으며 몇 야드 밖 건너편까지 다다랐고, 그는 일어났다. 파도타기하는 사람이 해변으로 올라서는 것처럼 다다랐고, 잎을 몇 개 뜯어 잎에 넣고는, 자기 몸을 지지해줄 나무를 잡고 개울에서 나와 숲으로 들어갔다.

이것은 두 발 보행이다. 그러나 이러한 행동은 드물고, 야생 침팬지의 삶에서는 관찰자들이 일 년에 한두 번 볼 수 있는 일이다. 하지만 내가 다음 야생 침팬지의 연구를 시작했을 때, 침팬지에게 있어 두 발 보행은 드물게 할 필요가 없었고, 땅에서만 하는 것도 아니었다. 어느 날 아침, 우간다의 브윈디 국립공원 숲에서 나의 연구

침팬지는 때때로
직립자세로
걸었다.

작은 가지들을
잡아당김으로서
침팬지는 땅위에
서거나 땅
가까이에서 새
과일을 따는데
성공한다.

그룹에 있는 암컷 침팬지들이 나무꼭대기의 무화과나무 열매를 먹고 있는 것을 보았다. 그녀의 아기는 상체에 불안정하게 들러붙어 있고, 엄마는 세 개의 큰 나뭇가지에 서있는데, 무화과 열매는 그녀의 머리보다 높이 있었다. 갑자기 엄마는 직립으로 서서 긴 팔을 이용해 그녀의 머리 위로 몇 피트 정도 뻗어 무화과 열매를 쥐었다. 약 30초 동안 그 침팬지는 두 발로 서있었고, 그녀의 강한 발은 그녀를 나뭇가지에 고정시켰으며, 그녀의 손은 침착히 위를 향했다. 그녀의 아기도 따라 갔고, 엄마가 한 손 가득 무화과를 따 입에 넣어주면 아래위로 흔들리며 돌아다녔다. 나무에 있던 다른 침팬지들 또한 직립으로 섰다. 비록 절대 1분을 넘기지는 않았지만 항상 안전하게 나뭇가지를 손에 쥐었다. 때로 유인원은 무화과를 따려고 나뭇가지로부터 너무 멀리 손을 뻗기도 했다. 그리고 몸을 나무에 기대고 손을 다른 나뭇가지로 뻗으면, 몸은 거의 수직으로 되어 네 발 모두가 나뭇가지를 잡게 되었다.

반면에 아래의 땅에 사는 다른 침팬지들은 떨어진 과일로 배를 채웠다. 한 명은 근처에서 잘 익은 과일들이 풍성한 어린 나무를 관찰했다. 그는 손을 내밀어 과일을 잡아 뜯었다. 침팬지는 가장 낮은 가지를 자기 높이로 잡아 당겨 땅 위에 앉아서 과일을 먹을 수 있었다. 하지만 낮은 가지 몇 개는 그 침팬지의 앉은키 범위에 있지 않았기 때문에 직립으로 서서 한 손으로 나뭇가지를 쥐고 다른 손으로 과일을 땄다. 그는 몇 분간 음식을 더 먹을 수 있을 때까지 이 행동을 했다. “어— 어— 어—” 하고 투덜거리듯이 내는 소리는 동료들에게 보내는 신호였고, 그의 그룹 동료들은 어슬렁거리며 그의 수확을 확인하기 위해 나타났다.

우리는 인류 역사에서 위와 같은 장면이 어떻게 전개되었는지 생각하는 데는 큰 상상력이 필요하지 않다. 같은 숲에서 비슷한 유인원을 작은 나무가 자라는 곳에서부터 몇 피트 정도 떨어진 곳에 두었을 때, 그는 서투르게 서 있는 상태로 숲의 바닥을 세 발자국 정도 지나 새로운 곳에서 앉아 먹이를 먹었다.

이것은 아마도 사람과의 사람류가 완벽하게 곧추선 자세로 여러 마일을 걷는 것만큼 중요해 보이지 않았을 것이다. 하지만 그럼에도 불구하고 이것은 두 발 보행이었다. 땅 위든지, 나무 꼭대기에서든지, 이러한 행동은 수백만 년 동안 수백만 번씩 되풀이 되었고, 유인원들은 음식을 채취하기 위해 선조 세대에는 없었던 선택적인 이점을 만들어냈다. 이러한 이점은 자연선택의 결과일 수도 있었다. 무엇이었건 간에 해부학적으로 달라진 것은 유인원이 더 안정적이고 오래 직립으로 서있는 능력을 향상시키도록 도왔을 것이다. 이운 좋은 유인원은 이러한 유전자를 뒤에 불멸하게 하여 점진적으로 직립자세로 전환하였을 것이다.

인디아나 대학교의 동물학자 케빈 헌트는 탄자니아 마할레 국립공원에서 침팬지의 직립자세의 유용성에 대해 광범위한 연구를 했다. 1990년대, 그는 침팬지가 땅과 나무 위에서 우연히 직립자세를 취하는 것을 관찰하는데, 그의 관찰시간 가운데 5분의 1을 보냈다. 침팬지는 다섯 번 중에 네 번 정도 먹이를 모으거나 먹는 상황에서 두 발로 섰다. 육상과 수상에서 사냥을 할 때 야생 침팬지는 두 발로 걸었고, 이것은 초기 인류가 그들이 살던 숲의 부근에서 식량을 모을 때 무엇을 했는가에 대한 단서가 되었다. 헌트는 그의 침팬지가 식량을 모으는 동안에 두 발로 서는 것을 관찰함으로써 아서 키스의 팔로 매달리는 이론을 고치고자 하였다. 키스가 나무 사이를 움직이는 동안 팔로 매달리는 것을 강조한 반면에 헌트는 나뭇가지에 서는데 팔의 지지가 중요함을 강조하였다.

헌트는 현대 유인원의 행동에서 보는 두 발 보행의 기원을 주장한 첫 번째 학자는 아니다. 1970년대 러셀 터틀은 심지어 아시아 우림지의 활동적인 긴팔원숭이도 높은 나무의 큰 가지들 사이로 걸어 다니는 동안, 두 발 보행의 기원에 대한 암시를 주었다고 주장했다. 그는 이러한 빈번하지 않은 종류의 두 발 보행에 대한 관찰이 선조 유인원이 땅 위에서 더욱더 많은 시간을 보내다가 나중에 어떻게 자리 잡는지에 관한 선례가 될 수 있다고 하였다. 헌트와 터틀은 아서 키스의 오래된 이론인 팔로 매달리는 이론을 수정하여 되살려냈다. 헌트가 팔을 흔드는 것보다는 팔로 매달리는 것을 주창한 것을 제외하고는 두 발 보행은 나무 사이를 흔들며 지나가는 것이 아니라 나뭇가지에 팔을 지지하며 서있는 상황으로 이용되었다. 비록 침팬지들이 인류와 비교해 효율적인 두 발 보행자들이 아닐지라도 두 발 보행은 연습이 되었다. 어쩌면 다른 자세가 더욱 효율적이었을 수도 있다. 동물학자 클리포드 졸리와 리처드 랭햄은 1980년대에 독립적으로 터틀의 가설을 보충하여 완전하게 하였다. 그들은 우리가 현대 침팬지에서 보듯이, 한 번 땅에 내려온 후에 짧은 거리를 발을 끌며 걷는다고 주장했다. 약간의 다른 영장목 또한 최초의 사람류가 완전한 직립을 시작하기 전과 비슷하게 걸었을 것이다.

해부학자 마이클 로즈는 침팬지가 두 발로 걸을 때 서툴게 보일지라도 우리는 "무엇과 비교해서 서툴다는 것인가?" 하는 질문을 반드시 해야 한다고 하였다. 확실히 그들은 인류와 비교해서 비효율적인 걷기를 했다. 하지만 각각의 진화 단계에 자연선택이라는 배경이 해부학적으로 작용했다는 것을 기억해야한다. 음식을 모으는 배경에서 두 발 보행이 다른 많은 자세와 조화를 이룰 때, 유인원 같은 사람류가 그랬던 것처럼 발을 끌며 걷는 것은 아마도 괜찮았을 것이다. 우리는 가장 초기의 두 발 보행을 현대 두 발 보행의 중간 형태로 보는 것보다, 이것을 하나의 걷기 형태로 보아야 한다.

두 발 자세의 기원을 이러한 관점에서 보는 것의 이점은, 이것이 억지스런 결말, 특별한 이벤트 또는 네 발로부터 두 발로의 완전한 변화를 요구하지 않는다는 것이었다. 가장 초기 두 발 보행은 더 나은 두 발 보행 자세를 갖기 위해 발을 끌며 걷지 않아도 되었다. 너클 보행인은 수천 유전자를 지나서 때때로 두 발 보행이 되기도 했다. 점진적인 두 발 보행은 해부학상으로나 행동학상으로나 갑작스러운, 혹은 극적인 변화를 요하지 않았다. 이것은 로드만이나 맥헨리의 에너지 효율 이론과 걷기 에너지의 방정식이라는 카렌 스튜의 분석들을 효과적으로 펼쳐낼 수 있게 했다. 로드만 맥헨리와 함께 러브조이, 스턴, 서스만 그릭 등 다른 연구자들은 안전히 두발보행을 했거나 서툰 두 발 보행이라는 흑백논리를 펼쳤다. 그러나 현대 유인원이 하는 것을 볼 때 그 어떤 주장도 논리적이지 않았다. 초기 사람류는 그들이 연습한 종류의 두 발 보행을 잘 했다. 두 발 보행의 변화는 환경 변화의 압력에 의해 발생했다.

하지만 왜 변화에 반대하는 힘은 전혀 일어나지 않았을까? 500~600만 년 전 동 아프리카의 환경은 변했지만 사바나는 숲으로 대체되지 않았다. 대신에 숲의 종류는 변했다. 더 세밀하게 말하면, 우량은 감소했고 주기적 성향은 더 증가했다. 그 결과 이러한 숲에서 선호되는 음식 또한 변했다. 일정한 장소에서 구할 수 있었던 과일 나무들은 사방으로 흩어졌고, 한때 카펫처럼 온통 뒤덮고 자라던 덤불들은 퀼트(quilt)의 조각보처럼 배열되었다. 이러한 배열로의 움직임은 단 몇 마일뿐일지라도 사람류의 두 발 보행의 빈도를 증가시켰다.

만약 두 발 보행이 숲에서 음식을 모으는 방법으로 완벽한 적응을 이끌어냈다면 우리는 고생물학자들이 찾기 시작한 화석에서 많은 경우의 수로 두 발 보행을 셀 수 있다. 1999년 케냔트포투스의 발견은 —350만 년 전 두 발 보행인은 같은 시간대의 오스트랄로피테쿠스 아파렌시스보다 더욱 현대적이었다— 두 발 보행종이 다양한 진화의 길을 택했다는 것을 보여주었다. 이러한 다양성은 합리적인 이유로 존재했다. 고릴라와 침팬지는 오늘날 아프리카의 같은 숲을 차지했지만 다른 음식을 먹었고, 그로 인해 머리 터지는 경쟁을 피할 수 있었다. 500만 년 전 초기 인류 또한 다른 종류의 음식을 먹었고, 같은 음식을 다른 방법으로 먹었다. 이러한 작은 차이는 그들의 해부학적 차이를 만들었고, 얼마나 많은 시간을 땅위에서 혹은 나무에서 먹는 것에 보내는가 하는 것으로 전환시켰다. 따라서 둘 혹은 세 가지 종류의 최초 사람류가 같은 숲의 구획에 사는 것은 가능했을 것이다.

나는 이러한 논쟁에서 두 발 보행을 이끈 한 가지 요인을 주장하지 않았다. 나는 또한 동일한 맥락에서 한 단계의 전환이라고 호소하지도 않았다. 마치 진화에 있어서 다른 많은 상황처럼 이것은 단순히 앞에 말한 방법으로만 발생하지 않았다. 우리는 첫 걸음의 원인이 가장 최근의 진화 원인과 직접적인 관련이 있다고 가정할 이유가 없다. 각각의 걸음은 첫 걸음 이전의 다른 종류의 걸음이었다. 자연선택은 손의 짐꾸러미에 작용했고, 한번 그 꾸러미가 변하면 인류 진화의 시작점 또한 모두 이것과 함께 변하였다. 이것에 대해 과학 집단을 설득하는 것은 어렵다. 왜냐하면 과학자들은 다른 모든 사람들과 마찬가지로 잘 짜인 이야기에 속아 넘어가기 쉽기 때문이다. 첫 걸음 이전의 다른 종류의 걸음은 음식 나르기, 배란 감추기, 혹은 다른 많은 것들처럼 매혹적인 이야기는 아니다. 하지만 다른 것들과 다르게 이것은 유인원들의 실제 세계와 실제 자연선택이 진화에서 일어난 것과 일맥상통한다.

지금까지 나는 굉장히 중요한 퍼즐 한 조각을 남겨두고 있다. 내가 우리 조상의 첫걸음을 말한 것에서 나는 왜 초기 인류가 직립으로 걸었는지를 아직 고찰하지 않았다. 두 발 보행은 계속해서 더욱 효율적이 되고 있다. 마라토너가 서서 걷기에 굉장히 유능한 것처럼, 왜 유인원은 음식을 먹기 위해 느린 속도로 짧은 거리를 걷기 위한 수완을 두 발 보행으로 선택했을까?

7

고기를 찾아서

새벽녘, 그들은 숲속으로 일렬로 들어가는 것으로 야영을 끝냈다. 비록 그들은 5피트보다 조금 컸지만 각각의 남자는 자신들을 난쟁이로 보이게 할 만큼 거대한 나무 활을 가지고 있었다. 여성도 몇몇 왔다. 대부분의 여성은 캠프를 끝낸 후 따라왔다. 그들은 보통 사람들이 식별할만한 길을 따르지 않고, 대신 태양이 떠오르는 쪽으로 결정하고 그 길을 따랐다. 그들의 속도를 가장 적절히 묘사한다면, 가벼운 세미 조깅이었다. 그들은 숲에서 자라는 얽힌 뿌리와 식물들 사이로 놀랄 만큼 민첩하게 움직였다.

아침녘에 남자들은 약 5마일을 가야 했고 단지 잠깐씩 포유동물을 잡기 위해서만 멈춰 섰다. 낮이 지남에 따라 그들은 꿀과 약간의 땅 벌레, 야자나무 과일, 그리고 아구티(남미의 작은 쥐 류: 역주)를 잡고 모았다. 그러나 황혼이 가까워 오자 그들은 갈망했던 것을 찾았다. 원거리 숲의 하늘에서 들리는 요란한 소리는 원숭이의 존재를 의미했다. 인류는 꼬리감기원숭이를 가장 즐겨 먹었다. 사냥잔치가 잠시 멈추었다. 그리고 한 남자가 꼬리감기원숭이가 궁지에 있을 때 내는 휘파람을 모방하여 부드럽게 불었다. 그가 휘파람을 계속 불어대는 동안, 나머지 사람들은 참을성 있게 기다렸다. 결국 원숭이 한 마리가 100야드 정도 떨진 나무 꼭대기에 모습을 드러냈고, 한 마리씩 모두 모습을 드러냈다. 전체 꼬리감기원숭이 무리는 그 휘파람소리가 아기 원숭이가 궁지에 있다고 간주하고 소리를 따라 움직였다.

원숭이들이 더 가까이 다가오자 한 사냥꾼은 그의 활을 올려 화살을 당겼다. 원숭이의 옆구리를 사격하여 나무로부터 떨어뜨렸다. 원숭이는 사수의 발 가까이 떨어졌다. 다른 원숭이들은 동료의 죽음을 무시하고 계속해서 그들의 잃어버린 아기 원숭이를 찾고 있었다. 사냥꾼의 화살은 하나씩 차례로 원숭이를 떨어뜨렸다. 때때로 원숭이들은 화살을 맞아 상처를 입고 땅에 떨어졌지만 사냥꾼들이 그들의 손으로 죽일 때까지 여전히 살아있었다. 결국 사냥잔치는 7마리의 원숭이를 죽임으로서 끝났다.

남자들은 저 멀리 뒤에서 그들을 따라오고 있는 여자들과 아이들에게 그들의 위치를 알렸다. 숲이 어둠에 싸이자 무리는 다시 뭉쳐 밤을 보낼 임시 거처를 세우고 모닥불에 원숭이고기를 구웠다. 하루 동안의 긴 산책 후에 —15마일 정도— 이 무리의 사냥꾼들은 사냥을 그만두었다. 그들은 다음날도 오늘과 거의 비슷할 것이라는 것을 잘 알고 있었다.

인간행동과 생태학의 중심 이론은 진화의 길이 갈라지면서 인간과 유인원이 분리되고, 우리의 선조들은 급격히 육식을 시작했다는 것이다. 육식은 우리의 가장 최근 조상에서 발생한 뇌의 크기 증대를 촉진한 중요한 요소라고 널리 생각되어 왔다. 하지만 이런 개념들은 논쟁을 이끌어냈다.

1968년, 저명한 자연인류학자 쉐어우드 워시번과 그의 학생 쳇 랜캐스터는 학술 논문지 <사냥의 진화>(*The Evolution of Hunting*)에 ‘사냥꾼 남자’라는 논문을 발표했다. 왜, 그리고 어떻게 인간의 뇌가 부풀었는지에 관해 설명하려는 시도는 수년간 있어 왔다. 인류학자들은 ‘우리의 지능, 관심, 감정 그리고 사회생활은 성공적인 사냥 도입의 진화 산물’이라고 기술했다. 그들은 인간 기원의 중심에는 대규모 사냥 게임이 있다고 주장했다. 그들은 또, 많은 전통사회에서 남자들은 주로 사냥꾼이 되고, 여자들은 먹을 것을 채취하는 경향이 있었다고 지적했다.

워시번스와 랜캐스터는 그리하여 모든 남자들이 베이컨을 집으로 가져오는 중요한 역할을 부여받았다고 했다. 성공적인 사냥은 대화와 협력을 요했다. 또한 논문의 저자들은 남자의 사냥에 대한 갈망은 남자가 전쟁터에 가고자 하는 갈망과 거의 같은 수준으로 깊다고 묘사했다. 여자들이 '오직' 뿌리와 덩이식물들을 모으고, 요리를 하고 집에 머무는 동안, 남자들은 고기를 제공하는 매우 활기 있는 역할을 자연적으로 습득하게 되었다고 그들은 제안했다. 그들의 논문은 수많은 논문 중에서 사냥의 예술에 관한 자연적인 남성의 우월성을 주장한 영향력 있는 첫 번째 논문이었다.

'사냥꾼 남자'는 몇 가지 유효한 논리에 기초했다. 우리는 다면발현성 효과(pleiotropic effect)라 불리는 유전적 연관(genetic linkage)에 기초한 많은 경우를 알고 있다. 이것은 한쪽 성(sex)이 다른 성의 자연선택에 의해 생겨난 형질을 가게 된다는 것이다. 남자의 젖꼭지는 그에 관한 한 가지 예이다. 그러나 몇몇 인류학자는 이러한 생각이 성에 대한 몇 가지 선입관을 담고 있다고 보고 있다. 산타크루즈의 캘리포니아 대학의 인류학자 낸시태너와 아드린 질만은 1976년, 몇 사냥꾼이 모인 사회에서는 남성보다 여성이 훨씬 많은 양의 동물 단백질을 획득했다고 지적했다. 남자들은 기린 같은 큰 동물을 1년에 한 번꼴로 죽이고는 밤에 모닥불 앞에서 뽐냈을 뿐이었다고 했다.

'사냥꾼 남자'에 관한 재조명은 악담에 가까웠고 그것은 오랫동안 지속되었다. 그것은 다른 인류학자와 과학자들로 하여금 영장류 사회에 어떤 성의 성향이 숨겨졌는지를 재평가하도록 이끌었다. 관찰자들은 주로 여성 동물보다는 남성의 행동에 더욱 주목하는 경향을 보였다. 왜냐하면 주로 남자들이 더 대담하고 그래서 관찰이 용이하기 때문이었다. 이러한 재조명은 심지어 오랫동안 무시되었던 초기 인류사회에서 여성의 역할을 인지하기까지 이르렀다. 시체를 도살하기 위해 만들어진 석기들은 화석 기록에 남아 있지만, 이에 반해 여성들이 사용한 나무도구들은 보존되지 않았다.

이러한 생각의 변화는 고기를 먹는 것이 인류 존재의 핵심이라는 개념에 이르도록 기여했다. 1990년대에는 육식이 다시 한 번 인간 진화의 많은 부분에서 촉매로 대두되었다.

자연에서 고기는 두 가지 형태, 살아있는 것과 죽은 것으로 구분된다. 살아있는 먹이를 포획하기 위해서는 숙련된 포식자여야 했고, 생물적인 무기(발톱과 이빨)를 지녔거나 창과 같은 고안된 무기를 지녀야 했다. 초기 사람류는 어느 것도 가지지 않았다. 그렇다면 그들은 어떻게 고기를 획득했을까? 우리의 초기 선조들은 주로 과일을 먹거나 채식을 했음을 조심스럽게 가정할 수 있다. 하지만 조상들은 어떤 형태로든 간에 고기를 먹었을 것이다. 현대 침팬지들과 우리의 선조는 고기의 광적인 소비자였고, 현대 사냥꾼들은 벌레에서부터 코끼리까지 모든 종류의 동물성 단백질을 먹는다. 사람류에게 때때로 무기 없이 쥐, 토끼, 새끼돼지, 새끼사슴 혹은 작은 동물은 잡는 일은 매일의 일과였을 것이다.

300~500만 년 전 동아프리카 숲과 초원에서는 고기를 광범위하게 구할 수 있었다. 그곳에는 오늘날과 같이 여러 무리의 발굽을 가진 동물들이 살았다. 하지만 그들을 잡기 위해서는 작은 사람류의 도구보다는 더 나은 문명 기술이 필요했다. 만약 누군가가 얼룩말과 같은 야생 맹수가 저절로 죽기를 기다리거나, 혹은 사자가 죽이고 일부를 먹고 남긴 고기를 기다린다면, 아마도 스스로를 죽음에 몰아넣는 식사를 하게 될 것이다. 아프리카의 태양 아래에 누워있는 큰 얼룩말 시체는 매혹적인 성찬이기는 하나, 근처의 덤불에 그들의 찌꺼기를 훔칠 만큼 뻔뻔한 누군가가 오기를 사자가 누워 기다릴지도 모르는 일이기 때문이다. 그리고 심지어 큰 육식동물의 위험이 없다

하더라도, 아프리카 태양 아래의 시체는 죽자마자 부패하기 시작해 며칠 뒤에는 먹지 못하게 될 것이다. 따라서 우연히 죽은 고기를 발견하기를 희망하는 것은 정기적으로 고기를 먹기를 갈망하는 최초의 사람류에게는 신뢰할 수 없는 전략이었을 것이다.

이러한 딜레마는 —고기는 사방에 있지만 먹기에 충분하지 않은— 수십 년간 인간진화 생물학자들을 혼란시켰다. 이것은 초기 인류가 사냥꾼이었는가, 쓰레기를 뒤지는 사람이었는가, 그리고 우리조상의 어느 단계부터 육식이 중요시되었는가 하는 격렬한 논쟁을 이끌었다. 1970년대 '남자 사냥꾼' 이론이 소멸된 후, 육식을 보는 다른 방식이 먼저 논의되었다. 고고학자 루이스 빈포드는 오랫동안 '새로운 고고학'의 선동자였고, 오랜 과거의 엄격한 가설 시험을 재구성하여, 현재를 이용해 과거를 이해할 수 있도록 만들었다. 만약 우리가 어떻게 초기 사람류를 결정짓는지, 혹은 하이에나가 가젤 시체를 씹은 화석에 대해 알고 싶다면, 그는 현대의 하이에나가 어떻게 가젤을 먹는지 알아야 할 것이다. 빈포드는 이런 예를 제시했다. 어떤 고고학 전공 학생들이 초기 사람류와 함께 살았던 육식동물의 선조에 대한 행동 연구를 시작했다고 하자. 그들은 또한 화석 발굴지를 잘못 해석하는 것이 얼마나 쉬운 일인지에 관해서도 연구하기 시작했다고 하자. 초기의 고고학자들은 당시의 사람류와 영양과 표범의 뼈 화석이 가득한 발굴지를 보았다면, 그들은 사람류와 표범 둘 다 영양을 동굴 안으로 끌어들인 식육동물이라고 가정했을 것이다. 또한 새로운 고고학자 세대는 같은 장면을 보고는, 표범이 사람류를 동굴로 물어왔다고 인식할 것이다. 우리의 조상은 때때로 사냥꾼이 아니라 사냥을 당하기도 했다고 할 것이다.

이러한 고고학 세계를 보는 날카로운 분석은 증가하기 시작했다. 1980년대에 고고학자들은 우리의 조상이 어떻게 고기를 획득했는가에 관해 사냥보다는 죽은 시체 더미를 뒤졌다는 의견을 지지했다. 많은 유명한 고고학적 발굴지는 새로운 분석에 기초해 재조사되고 재해석되었다. 그리고 한때 초기 인류에 의한 큰 사냥 게임으로 간주되었던 증거는 시체 더미를 뒤지는 것으로 재해석되었다. 사냥이 인간 진화의 원동력이라는 개념은, 우리의 조상이 얼룩말을 죽인 육식동물에게 발각되지 않게 한 조각 먹으려 했다는 관점, 즉 우리의 조상은 사냥꾼이 아니라 끊임없이 보물 사냥을 하는 미물이었다는 생각으로 대체되기 시작했다.

우리가 사냥꾼이었는지 시체를 뒤졌는지가 왜 문제가 될까? 그 차이점은 우리 조상의 삶을 재구성하는 데 있어 큰 문제이다. 대형 포식자가 자연적인 무기 없이 능숙한 사냥꾼이 되기 위해서는 수년간의 연습, 학습 그리고 손위 형제의 행동에 대한 조심스러운 관찰이 필요했다. 그리고 자기의 활동을 동료들과 동등하게 하는 것 또한 중요한 행동이었을 것이다. 왜냐하면 협력은 언제나 죽임을 당하지 않고 위험한 동물을 죽일 수 있는 기회를 향상시켰기 때문이다. 이러한 학습 요소는 사회적 그룹에서 중요한 역할을 하고, 무리 속에서 살아남기 위한 친근 관계를 만들어 주기 때문이라고 주장되었다. 그들은 또한 자신에게 비결을 가르쳐 줄 동료들과 함께 자라고, 형성하는 시간을 보내는 것이 사회의 정보를 얻어 좋은 사냥꾼이 되기에 결정적이었다고 생각했다.

시체를 찾아먹는 것은 매우 다른 기술을 요했다. 그룹 협동은 개개인의 환경에 대한 각자의 주의보다 중요하지 않았을 것이다. 죽은 고기를 먹고 살아가던 동물들은 주로 광활한 대지에서 시체를 찾는 데 발전된 기술을 갖고 있었다. 냄새는 선택을 하기 위한 감각작용이었지만 시력 또한 중요했다. 현대의 사체식(死體食) 동물들은 수십 마일 밖에서 독수리가 시체 위를 원을 그리며 맴도는 것을 볼 수 있다. 초기 사람류들은 이러한 능력을 갖고 있었을까? 시체를 잘 모으기 위해서도 학습이 필요했지만, 사냥꾼이 되는 것보다는 장기적이거나 집중적이지 않았다. 왜냐하면 죽은 시체가 어디로 옮겨지거나 방어하려들거나 하지 않기 때문이었다. 전술적인 문제는 광활한 세렝게티에서 찾는 일 뿐이었다. 사체를 먹는 존재의 실제성에 대해 연구한 대부분의 연구자들은 아마도 초기 인류들이 했을 행동에 대한 이해를 하면서, 시체를 찾아먹는 것은 생계를 유지하기에 적합한 방법은 아니었다고 결론지었다. 시체들은 널리 흩어져 있었지만 부패하거나 다른 사체식 동물들이 재빨리 먹어버렸다. 그리고 가끔 동물들의 출산이나 이동 계절과 같은 때에는 가능했을 것이다.

침팬지로부터 얻은 단서

육식은 칼로리, 단백질 그리고 특히 지방을 얻는 방법으로서 달리 비견할 것이 없기 때문에 인간의 적응 음식으로서 중심에 자리를 잡았다. 먹을 것, 그리고 먹이를 채취하는 것은 행동의 변화에 가장 중요한 영향을 끼쳤고, 직립보행으로 변화하는 해부학적 변화를 예고했다. 육식과 직립보행의 관계를 이해하기 위해서 우리는 사냥과 채집이라는 두 사회집단으로부터 중요한 열쇠를 찾아냈다. 육식은 인간 영장류의 것이 아니었다. 극히 일부를 제외하고 영장류의 음식은 거의 대부분 채식이기 때문이다.

침팬지 사이에서도 육식이 중요하다는 새로운 정보는 육식에 대한 관심을 일부 부활시켰다. 유인원 가운데 오직 침팬지만이 탐욕적으로 육식을 하는 습성이 있다. 침팬지의 음식 중 육식은 극히 조금이지만, 이를 위해 그들은 함께 사냥을 하고, 관행적으로 고기를 나누었다. 그들은 얻기 쉬운 식물보다 육식을 높이 평가하는 포식자라고 할 수 있다. 보노보들도 때때로 사냥을 하지만 먹지는 않는다. 대신에 그 고기들을 장난감처럼 가지고 다닌다. 그들은 자비는 베풀지 않고 고통을 주며 험하게 끌고 다닌다. 작은 영양을 먹는 유인원이 있다. 그러나 그들의 전반적인 고기 소비는 침팬지들의 일상에 비교하여 아주 소량으로 보인다.

침팬지들은 좀처럼 육식을 찾아 나서지 않는다. 그들은 과일을 모으는 동안 포유류를 우연히 발견하고는 사냥을 한다. 아프리카 적도에 사는 거의 모든 침팬지들은 숲속에 거주한다. 비록 초원지대나 강 주변에 사는 침팬지라 할지라도 그들의 삶의 대부분은 숲의 작은 구획에서 보낸다. 야생 침팬지의 육식 대상은 대부분 콜로부스원숭이이다. 시끄러운 콜로부스원숭이는 나무꼭대기에 거주하면서 달아나기 보다는 서서 싸우려드는 경향이 있다. 그리고 공격을 하는 수컷 침팬지가 충분히 크다면 거의 확실하게 먹이를 죽인다.

야생의 새끼돼지, 영양 그리고 새끼사슴 또한 주된 음식이다. 침팬지들은 숲의 평탄한 부분에 숨어 있는 그들을 발견한다. 침팬지는 사냥한 어린 돼지 또는 사슴의 어미가 덤불에서 허망하게 야단법석을 해도 달려간다. 침팬지 연구 중에 가장 두려웠던 몇몇 순간은 아주 근접한 거리의 덤불에서 성난 부모 돼지와 직면하는 것이었다. 어미 돼지는 흥분해서 빛나는 눈으로 나를 향해 뻐드렁니를 갈았다. 그럼에도 불구하고 침팬지는 새끼돼지를 훔쳤다. 그리고 뒤에 찾아오는 일은 포획자와 거지, 그리고 방관자와 음식을 놓고 벌이는 난폭한 사투였다.

원숭이의 사냥 문제는 대부분의 과학자와 대중의 관심을 끌었다. 제정신을 잃은 돼지나 영양의 사냥과 달리, 원숭이를 포획하려면 완벽한 수법과 때때로 선견지명이 필요하다. 침팬지가 식량을 모으는 방법은 아프리카 숲의 언덕들을 일상적으로 순회하며 걸어 다니는 것이었다. 많은 과일 나무들, 무수한 관목 잎, 그리고 식물이 무성한 작은 밭, 때때로 다른 원숭이 그룹 사이로 지나가기도 한다. 붉은 콜로부스원숭이들은 20파운드나 된다. 이들은 나무에서 지내기를 좋아하며, 그들 그룹은 50명 안팎이다. 그들이 포식자로부터 공격당했을 때 그룹의 수컷 구성원들은 무리지어 침입자에 맞서 용감한 전쟁을 한다. 나무에서 콜로부tm원숭이를 발견한 침팬지는 새끼를 데리고 있는 엄마 콜로부스를 발견하기를 희망하면서 목을 길게 빼고

멈춰 서서 몰래 감시한다.

만약 침팬지가 사냥을 하기로 결심하면, 그 결과는 종종 소름끼치는 대량학살로 끝난다. 수컷 침팬지들이 —사냥의 대부분은 수컷들의 오락이었다— 나무에 올라 낮은 곳에 있는 근심에 차 있는 한 무리의 콜로부스 원숭이들에게 접근했다. 엄마 원숭이는 그들의 새끼들을 불러 모았고, 수컷 콜로부스는 그들의 배우자와 새끼들을 한쪽으로 보낸 뒤 방어벽을 형성하려고 시도했다. 나는 수컷 침팬지가 줄기가 첫 번째로 갈라지는 가지에서 소수의 수컷 콜로부스들이 하는 방어에 막혀 어려운 상태에 있는 것을 본적이 있다. 수컷 콜로부스들은 수관 밖에서 새 먹이통에 접근하는 다람쥐를 방어하기 위해 만든 금속 링처럼 침팬지를 막고 있었다. 그러나 상황은 콜로부스에게 호의적이지 못했다. 결국 침팬지들은 원숭이의 줄을 무너뜨리고, 그들이 꾀했던 식량인 암컷과 새끼들에게 근접하는데 성공했다.

다음에 무슨 일이 일어날지는 상황에 따라 달라진다. 얼마나 많은 수컷 침팬지가 공격을 하는지, 누가 개인적인 사냥꾼인지, 그리고 얼마나 많은 수컷 콜로부스들이 방어하는지, 공격이 벌어질 나무는 얼마나 높은지, 원숭이들이 숨기에 적합한 나무는 근방에 있는지와 같은 상황에 달려있다. 몇몇 수컷 침팬지들은 대담하고 열렬한 사냥꾼이었다. 탄자니아의 곰비 국립공원 칼사켈라에 사는 침팬지 무리의 현재 우두머리인 수컷 침팬지 프로도는 대단한 포식자였다. 그의 존재를 강화하는 것은 남다른 사냥에 대한 열망뿐만 아니라, 사냥에 성공하는 기회이기도 했다. 프로도는 무자비하지만 유능한 사냥꾼이었다. 1990년부터 5년, 이 한 번의 기간 동안 그는 혼자서 그의 무리의 영역 안에 사는 10%의 붉은콜로부스들을 죽였다. 내가 '위대한 침팬지의 역사 이론'이라고 부르기 좋아하는 것은, 프로도 같은 수컷 사냥꾼 혼자서 콜로부스원숭이 전체수의 10%를 죽일 수 있다는 것이었다.

원숭이의 죽음은 잠시 시선을 끌었지만 무시무시한 광경이었다.

곰비에서 새로운 관찰과 목격에 대한 설렘으로 수년 동안 관찰해온 원숭이가 침팬지 손에 죽는 것을 보는 증오감은 좀처럼 가시지 않았다. 곰비에서 수컷 침팬지들은 서로 협력하지 않고서도 각기 원숭이들을 죽였다. 한 수컷 침팬지가 새끼를 데리고 나뭇가지 꼭대기로 올라가는 콜로부스를 추적하자, 원숭이는 다른 가지로 뛰어 도망을 갔다. 그때 다른 수컷 침팬지가 거기에 기다리고 있다가 어미 원숭이의 복부에 안겨있는 새끼를 잡아당겨 빼앗고는, 어미 원숭이만 놓아주었다. 이것은 협력이 아니다. 획득자는 그가 획득한 고기를, 고기를 쫓는 동안 도와준 다른 침팬지들과 반드시 나누어 먹을 필요는 없었다.

침팬지가 고기를 나누어 먹는가 여부는 침팬지 사회에 따라 다른 것처럼 보였다. 어떤 침팬지들은 먹이를 포획할 때까지 도와준 동료들에게 보상을 하기 위해, 혹은 가족끼리 나누어 먹었다. 곰비에서의 먹이 나눔은 전부 기회적으로, 친족 관계로, 편애에 의해 이루어졌다. 가족구성원들은 고기를 나누어 먹었고, 혈연이 아니면 냉대했다. 수컷 침팬지들은 그들이 결속해야 할, 혹은 협력관계인 다른 수컷 침팬지나 암컷 침팬지와, 혹은 발정기이고 잠재적으로 친구가 될 수 있는 암컷 침팬지들과 고기를 나누어 먹었다. 모든 사냥 구성원들은 고기를 공유하기 위해 때로는 몇 시간을 앉아서 기다렸고, 그 중에 많은 것들은 배가 고파 돌아가기도 했다. 그럼에도 불구하고 침팬지의 일상생활에서 사냥은 초점이 될 수 있다. 그리고 그러한 소동은 때때로 광범위하게 일어났다.

이러한 종류의 행동은 인류학자를 도울 수는 없지만 흥미를 끌었다. 특히 우리의 초기 조상들이 어떻게 행동했는지, 무엇을 먹었는지, 어떻게 그들의 식습관이 우리의 진화에 영향을 끼쳤는지 전문으로 연구하는 인류학자의 흥미를 끌었다. 첫 번째로 확고한 육식의 증거(끝이 날카로운 달걀 모양의 단순한 돌도구)는 250만 년 전으로 거슬러 올라간다. 우리 모두는 이 시간 이전에 초기 인류가 일종의 몇 가지 도구(아마도 나무토막이거나 모양이 없는 돌, 혹은 대나무 막대기)를 만들어 썼다는 것에 대해 의심을 하지 않는다. 하지만 이러한 고대의 기술은 인류학적 기록에 아무것도 보존되어 있지 않다. 그리고 침팬지로부터의 증거는 원시시대의 사람류가 사냥을 하기도 하고, 죽은 고기를 주워 모으기도 했다는 것이다. 같은 문화적 다양성이 지역에 따라 다름은 오늘날 전통적인 인류 사회에서도 잘 보여주고 있다. 침팬지 사회는 다른 침팬지 그룹으로부터 몇 백 마일만 떨어져 있어도 도구 문화와 먹이를 먹는 습성이 다른데, 우리는 초기 사람류도 다르지 않았을 것이라고 생각하지 않을 이유가 없다.

고집스럽게 초식을 하는 고릴라들은 잡식을 하는 침팬지들과 완전히 대조적이다. 우리는 한때 고릴라와 침팬지의 행동은 여러 면에서 현저하게 다르다고 믿었었다. 하지만 1990년대 우리는 그들의 차이점이 크지 않다는 것을 알아차리기 시작했다. 우리는 고릴라는 느림보이고, 마치 원시의 소처럼 초원에 정착하여 잎이나 먹는다고 생각했다. 1970년대에 다이안 포세이(Dian Fossey)는 아프리카 동쪽 중앙부에 있는 비룬가 화산에서 최초이면서 지금까지도 가장 세밀한 야생 고릴라 연구를 하여, 분명히 다른 생각을 하게 만들었다.

비룬가에 잔존하는 소규모 고릴라 집단은 다른 고릴라들과 같지 않았다. 이곳의 300여 마리 고릴라들은 아프리카의 어느 지역보다 춥고 황량한 산에 살았다. 그들의 식량은 거친 섬유질 잎들—야생 샐러리, 엉겅퀴 같은 것들—이었고, 이것은 원해서 먹는 것이 아니라 선택의 여지가 없었던 것이다. 탄수화물이 풍부한 음식인 몇 가지 과일나무들은 고릴라가 살지 않는 10,000~12,000 피트의 고지에서 자랐다. 비룬가 고릴라들은 아프리카의 다른 고릴라들이 코를 돌리며 먹으려 하지 않는 음식을 섭취하며 극단적인 환경에서 살고 있었다.

적도 아프리카를 지나면, 대부분의 고릴라 군을 차지하는 80,000 마리 정도가 산다. 그러므로 비룽가의 고릴라는 너무나 작은 집단에 불과하다. 저지대 고릴라는 우리가 사는 마을 주변처럼 덤불이 많은 열대 우림지대에 산다. 그들이 어디에 살든 그들은 과일을 먹었고, 단지 먹이가 귀할 때만 고섬유질의 잎을 먹었다. 이런 점에서 그들은 대비책으로만 질이 낮은 숲의 음식을 먹는 사치함이 침팬지들과는 다르다. 침팬지들은 잘 익은 과일들이 부족해지면, 작은 그룹으로 나뉘어 멀리까지 나가 아직도 과일을 달고 있는 귀한 나무들을 찾는다. 저지대 고릴라들은 산악지대에 사는 같은 동족과는 전혀 다르게, 멀리 이동하면서 더 많은 과일을 먹었다. 고릴라의 사회 행동 또한 우리가 생각했던 것과는 꽤 달랐다. '하렘'(*harem*)이라는 단어는 실버백 고릴라의 생활방식을 나타냈다. 그는 강한 모습으로 무리를 장악하고 있으며, 체중이 암컷들보다 100킬로는 더 나간다. 커다란 부피의 가슴을 치는 수컷다운 그의 행동을 본 비룬가의 초기 연구자들은 실버백 고릴라들이 영토의 주인이고, 그들 사회 그룹의 비길 데 없는 지도자라고 간주하게 했다. 그러나 그것은 그렇게 간단한 것은 아니었다. 고릴라 그룹은 우리가 오늘날 알듯이, 종종 복수의(複數)의 실버백이 있다는 것을 알게 되어, 오래도록 가져온 하렘의 개념을 부적절하게 만들었다. 특별히 포세이가 조사했던 유명한 고릴라 집단과, 나의 연구 장소이던 임페니트라블 포리스트를 포함한 동아프리카의 고릴라 집단에는 실버백 고릴라가 둘, 셋, 때로는 다섯, 여섯까지 있다. 여러 실버백이 함께 있는 고릴라 그룹이 존재할 수 있다는 것은 연구자들에게 흥미를 줄 수 있다. 그렇다고 이들의 한가운데에 들어가 섞인다는 것은 의심할 여지없이 신중해야만 한다. 그들은 암컷 고릴라이든 젊은 고릴라라도 체중이 무려 400파운드나 되는 거구들이다.

또한 오래도록 알고 지내온 판에 박힌 지식과는 대조적으로, 대부분의 아프리카 고릴라들은 비활동적이고, 셀러리를 아작아작 먹으며, 하렘을 이루고 있다는 것과는 거리가 멀다. 먹이와 행동 그리고 짝짓기가 침팬지와 매우 비슷한 것을 알고, 우리는 이 두 영장류가 한 지역에 함께 살게 될 때, 먹이를 두고 박이 터지도록 서로 경쟁할 것이라고 생각하기 쉽다. 이런 일은 아주 드물게 일어나긴 한다. 임피니트러블 포리스트에서 우리는 침팬지와 고릴라들이 드물게 있는 과일 나무의 소유를 두고 싸우는 것을 본적이 있다. 이러한 분쟁은 더 작은 침팬지들의 규칙에서도 나타나고 있다.

침팬지와 고릴라의 생태에서 크게 다른 점은 고기를 먹는 부분이다. 침팬지들은 고기를 무척 좋아했고, 기회가 생길 때마다 먹었으며, 때로는 엄청 많은 양을 먹었다. 반면에 고릴라들은 야생에서 다른 포유류의 고기를 전혀 먹지 않았고, 심지어 쉽게 잡았더라도 먹지 않았다. 동물원에서 고릴라들은 소고기와 계란, 그리고 우리가 먹기 좋아하는 다른 지방질 고기의 풍미를 배웠다. 동물원 우리에서 먹는 음식에 대한 수십 년간의 정보는 우리에게 지방질 음식과 고릴라에 관한 몇 가지 중요한 것을 가르쳤다. 음식이 고릴라들을 죽게 한 것이다. 미국의 동물원은 더 이상 고릴라에게 동물성 지방을 주지 않는다. 비록 작은 비율의 소고기와 계란, 그리고 완전한 유제품일지라도 고릴라에게는 높은 비율로 심장병을 일으켰다. 비극적인 경험으로부터 배운 것이다. 특히 실버백 고릴라들이 그러했다. 이것은 아마도 오랜 전통의 KFC 치킨과 프렌치프라이의 잘 짜인 식단으로 살아갈 수 있는 침팬지와는 눈에 띄는 대조적인 특성이었다.

우리는 고약한 지방과 콜레스테롤 소비에 강제당하고 있다. 나는 어떤 의학 관련 출판물들을 조사하여, 고밀도 지방단백질 콜레스테롤과 저밀도 지방단백질 콜레스테롤의 나쁜 영향과 좋은 영향이 충돌하는 데이터를 가려내려고 시도했다. 하지만 우리는 동물성 지방의 해로운 효과에 대해 뛰어난 면역성을 가졌다는 것을 잊어버리는 경향이 있다. 수백만 년 동안, 우리 선조들은 중년 나이에 동맥에 영향을 줄 수 있는 콜레스테롤을 몇 그램 더 먹는 것에 대해 걱정하지 않아도 되었다. 그들은 중년 나이까지 살아남는 수가 아주 드물었다. 그들은 주로 영양 결핍이나 질병 또는 포식자들에 의해 일찍 죽었다. 오늘날 우리가 과소비하기를 두려워하는 음식들은 과거 수백만 년 동안 조금씩 먹어온, 체중에 도움이 되는 지방질과 같은 것이다. 선조들은 새들이 알을 낳는 계절이 오면 새의 알을 폭식했으나 그 후로는 다음 해 산란철이 올 때까지 새알 구경을 하지 못했다. 만약 우리가 얼룩말이나 기린을 죽일 만큼 운이 좋고 기술도 숙련되었다면, 내 가족과 동료들은 걷지 못할 정도로 배불리 먹을 것이었다. 심장병이 아닌 배고픔, 그것이 절박한 건강의 위협인 것이다.

육식에 민감한 초식동물인 고릴라와 우리의 긴 육식 역사의 차이는 고기를 먹을 수 있도록 하는 유전자의 돌연변이와 확실히 관계가 있을 것이다. 남가주대학의 동료이자 노인학자인 칼렙 핀치(Caleb Finch)와 나는, 제한된 양의 고기를 소비하는 것이 우리의 모든 진화의 역사에서 몸에 이롭도록 해왔다고 논쟁을 했다. 침팬지가 그들의 친척 고릴라보다 콜레스테롤과 지방에 대해 높은 수준의 내성을 가지고 있듯이, 우리 또한 막대한 열량과 영양소를 섭취하는 동안 지방식의 해로움을 효과적으로 견딜 수 있는 능력을 지녔다. 초기 사람류의 가계에서도 초기의 남녀 인류가 고기를 실컷 먹을 수 있도록 돌연변이가 일어났을지 모른다.

우리의 게놈에 '육식 적응' 유전자가 있다는 것은 심한 억측이다. 의생명학 연구자들은 콜레스테롤에 강한 것과 약한 것이, 겉보기에 연관성이 없는 치매와 같은 질병들 사이에 어떤 연관성이 있는지 조사했다. 초기 인류는 치매가 건강에 중요한 위협이 될 정도로 오래 살지 않았다. 게다가 대부분의 치매 희생자들은 생식 연령도 넘어섰으므로, 치매를 근절하도록 자연선택의 힘이 거의 미칠 수 없었던 것이다. 과거 역사를 통해 육식을 하며 살아갈 수 있게 된 것은, 역설적으로 오늘 날 수백만 명의 사람을 쇠약하게 만드는 질병의 탄생과 유전적으로 연관이 있을 것이다.

고기 그리고 감자?

육식이 인간화에 가장 중요한 역할을 했다고 모두가 믿는 것은 아니다. 하버드 대학의 인류학자인 리처드 랭험(Richard Wrangham)과 그의 동료들은 최근 감자와 유사한 구근(球根)을 먹음으로써 인류의 두뇌가 크게 확장되었다고 주장하고 있다. 그들은 200만 년 전의 화석 기록에서 구근을 요리하거나 먹었다는 간접적이지만 확실한 증거를 발견한 것이다. 우리는 그 기간에 인류의 키와 뇌의 크기가 비약적으로 증가하였다는 것을 알고 있다. 랭험 그룹은 초기 인간에게 <우주 모험>(2001: A Space Odyssey)에 등장하는 유인원—인간과 같은 깨달음의 순간이 있었다고 가정한다. 아프리카의 사바나에는 벼락에 의한 화재가 매우 흔하게 일어났고, 그 지역의 식물들은 이 위험을 피하기 위해 그들의 에너지를 땅속에 보관하는 방식으로 적응해 갔을 것이다.

하버드 대학의 연구진들은 이 구근을 요리한 것이 인류의 기원에서 하나의 큰 전화점이라고 생각하고 있다. 이 시점에서 여성들은 그들의 소중한 구근을 훔치려는 자로부터 자신들을 보호할 수 있도록 특정 남성들과 관계를 맺기 시작한 것이다. 이런 협조 관계를 맺는 과정에서 여성들은 섹스를 할 수 있는 기간을 늘림으로써, 섹스를 하기 위한 남성들 사이의 경쟁을 줄여주는 방향으로 발전하였다. 그 결과 남성과 여성 사이의 극단적인 크기 차이도 상당히 줄어들었다. 또한 호모 에렉투스와 같은 후기 인류의 출현과 함께 새로운 짝짓기 관계 즉 일부일처제가 전파되었을 것으로 본다.

매우 개연성 있는 이 가설은 우리 인류가 다른 영장류와는 달리 일부일처 관계를 선호하는 사실을 설명해 줄 수 있다. 그러나 구근을 요리했다는 전제는 아직 가설에 불과하다. 실제도 그랬을 수도 있지만, 같은 기간에 육식을 했다는 증거는 더욱 많이 있다. 200만 년 전에 인류가 실제로 구근을 먹었다는 확실한 증거가 나오기 전에는 결론을 명확히 내리기 어렵다.

직립보행을 위한 2단계

침팬지와 초기 인류 사이에는 비슷한 점도 많이 있지만 다른 점 또한 존재한다. 침팬지는 사냥을 하거나 매우 큰 사냥감(최대 30파운드 정도)을 죽일 때 무기를 전혀 사용하지 않는다. 더 중요한 사실은 침팬지는 과일을 선호하고 자연스럽게 기회가 주어졌을 때만 사냥을 한다는 것인데, 수렵—채집인과는 정확하게 반대되는 행동이다.

만약 고기가 단백질, 지방 및 칼로리의 중요한 공급원이었다면, 왜 침팬지들은 사냥을 선호하지 않았던 것일까? 그 해답은 너클 보행과 직립보행의 차이에 있다. 두 발 동물은 매일 수 마일을 걸어서 고기를 구하러 다니면서 견과류, 꿀 혹은 다른 음식물을 채집할 수 있다. 그래서 비록 그 날 사냥감을 찾지 못했다 하더라도, 그 도중에 채집한 과일, 곤충 등의 음식물로 배를 채울 수 있다. 반면 침팬지는 고기를 구하러 하루 종일 걸어 다닐 수 없는데, 너클 보행은 매우 비효율적인 보행 방법이기 때문이다. 침팬지와 인간은 둘 다 잡식성이고, 매일 어떤 음식을 먹을지, 그 음식을 얻기 위하여 얼마나 많은 시간과 에너지를 쓸 지 많은 결정을 내려야 한다. 수렵—채집인은 보다 먼 거리를 효율적으로 여행할 수 있다. 침팬지는 과일을 찾기 위해 비교적 먼 거리를 너클 보행할 수 있으나, 사냥감만 찾으러 다니다 실패하면 매우 치명적인 결과를 초래할 수 있다. 직립보행은 이 모든 것을 바꾸어 놓았다.

네 발로 걷는 유인원에서 두 발로 걷는 인류로 바뀌는 데는 두 가지 단계가 필요했다. 첫 번째 단계는 아주 완만하다. 땅을 가로

질러 과일 나무 사이를 옮겨 다닐 수 있는 유인원은 그렇지 못한 동료들에 비해 생존하기에 유리하다. 유인원은 해부학적으로 변화하기 시작했다. 왜냐하면, 나무 사이를 효과적으로 옮겨 다닐 수 있는 능력은 선호되는 자연선택이었기 때문이다. 또한 이 불완전한 두 발 동물은 오늘날의 침팬지가 그러하듯이 새로 적응한 두 발 자세를 이용하여 키가 작은 나무에 열린 과일을 쉽게 따 먹을 수 있는 장점도 가지게 되었다. 이러한 섭식 행동은 앞서 설명한 브윈디 침팬지의 행동처럼, 나무에 있어서도 일어났을 것으로 여겨진다. 새로 생겨난 인류들은 다양한 서식지에 살았을 것이고, 각 서식지마다 근거리 보행의 중요성이 달랐을 것이다. 아마도 근거리 보행이 가장 중요한 역할을 하였던 서식지는 과일들이 지표면 근처에서 풍성하게 자라는 산림지역이었을 것이다. 혹은 그와 반대로 나무 사이를 걸어 다녀야 되는 산림이 드문 지역에서도 근거리 보행이 효과적이었을 수도 있다. 어느 경우가 맞든지 간에, 인류가 여러 가지 서식지에서 살게 됨으로써 근거리 보행을 하는 인류도 다양하게 분화되어 나갔을 것이다. 그 이후로 수 천 세대가 내려오면서 인류는 다양한 서식처로 퍼져나갔고, 다양한 종류의 두 발 보행을 발전시켜나갔을 것이다. 이들 중 몇몇은 우리가 발견하여 연구하고 있고, 다른 많은 두 발 보행 형식은 화석화되어 땅속에서 우리를 기다리고 있을 것이며, 또 다른 것들은 파괴되어 영원히 지구상에서 사라졌을 것이다.

700~800만 년 전의 아프리카 숲과 초원은 유인원, 인류 및 수많은 두 발 보행 생물이 살고 있었을 것이다. 어떤 두 발 동물은 보행이 그리 필요하지 않은 밀림 지역에 적응해 갔을 것이고, 어떤 두 발 동물은 약간의 보행이 필요한 나무가 있는 지역에 적응해 갔을 것이다. 그리고 어떤 두 발 동물은 나무가 거의 없는 초원 지대에 적응해 갔을 것이다. 이 마지막 그룹이 5~600만 년 전에 동부 아프리카 지역에서 급격히 증가하였는데, 이때 밀림 지역이 줄어들고

초원이 늘어나는 기후 변화가 일어났다. 이때부터 인류는 전보다 훨씬 많이 걸어 다니게 되었고, 세대를 내려오면서 신체 구조가 더욱더 두 발 보행에 유리한 형태로 변화되어 갔다. 그리고 또 다시 수천 세대가 지나면서 나무 사이를 옮겨 다니거나 단거리 보행을 주로 하는 유인원은 사라지게 된다. 오늘날 우리가 화석에서 발견하는 오스트랄로 아파렌시스, 오스트랄로 아나멘시스, 및 케냔트로푸스가 이때 나타나게 된 것이다.

이제 두 번째 단계가 시작된다. 인류가 과일이나 다른 식물성 음식물을 채집하기 위하여 더 먼 거리를 보행하게 되면서 그들의 체형이 변하게 된다. 효과적인 장거리 보행의 결과로 음식물을 저장할 수 있게 되었는데, 이것은 산림이 사라지고 초원이 확장되는 기후 변화에 생존하기 위해 반드시 필요한 것이었다. 많은 종류의 인류가 동아프리카의 산림과 초원이 어우러진 환경에 살게 되었는데, 그중 어떤 종류는 초원지대를 보다 더 많이 사용하게 되었다.

일단 초원을 가로질러 보다 먼 거리를 효과적으로 보행하게 됨으로써, 인류는 그들의 사촌격인 유인원이 생각도 할 수 없는 일(고기를 찾는 것)을 할 수 있게 되었다. 우리가 이미 살펴본 것과 같이, 고기를 줍거나 사냥하기 위해서는 사냥감을 찾아서 장거리를 돌아다녀야 하는데, 그러한 일은 많은 에너지를 소모해야 한다. 그러나 그들이 수 세대를 거쳐 고기를 찾게 됨으로써 그들의 골격 또한 두 발 보행에 더욱 적합하게 변화되었다. 인류의 기원에 대한 현재의 이론과는 달리, 한편에서는 보다 효과적인 두 발 보행이 진화되고, 다른 편에서는 나뭇가지를 당기거나 나무 사이를 옮겨 다니는 두 발 보행을 최대한 이용하여 삼림에서 살아가는 두 발 보행족들도 생겨나게 되었다. 팀 화이트가 주장하는 원시 인류인 아르디피테쿠스 라미두스는 아마 결과적으로 이렇게 실패한 초기 인류의 변종이 아닌가 생각된다.

작은 동물들은 초원에서만 아니라 산림에서도 사냥할 수 있다. 그러면 인류는 왜 사바나로 이동하면서 비로소 고기를 선호하게 되었는가? 그 이유는 산림에서 사는 동물들은 대개 작은 수로 모여 살고 잘 드러나지 않기 때문이다. 반면에 초원에는 다양한 크기와 모양의 굽 달린 동물들이 떼로 모여 살고 있다. 그들은 새끼를 낳고 여기저기에 뿌려 놓음으로써 그들을 주시하는 동물들에게 먹잇감을 제공할 수 있었다.

초원에서 가장 중요한 고기 공급원은 초기 두 발 동물들에게는 그저 바라볼 수밖에 없던 것들이었다. 가젤이나 얼룩말을 잡기 위해서는 무기를 사용하거나 공동작업이 필요하다. 따라서 초기 인류는 주로 작은 동물들을 잡았을 것이다. 하지만 그들은 과일, 나뭇잎, 작은 사냥감뿐만 아니라 큰 사냥감의 시체도 음식물로 이용하는데, 이것은 큰 변화를 초래하게 된다. 즉 나누어 먹을 수 있는 큰 고기를 얻게 된 것이 지능의 개발에 중요한 역할을 하게 된 것이다. 300만 년 전쯤에 이러한 근본적인 변화가 일어나는데, 인류는 이제 사자도 물리칠 수 있는 무기를 휘두르는 약탈자가 된다. 약 200만 년 전쯤에는 비로소 인간의 두뇌는 인간다운 크기가 되었다. 그 뿐 아니라, 신체의 크기나 남성과 여성의 크기 차이 등 다른 변화들도 일어나기 시작한다.

이렇게 보다 효과적으로 진화한 두 발 동물들 사이에 확립된 육식 습관은 식습관, 지능, 행동이라는 피드백 고리에서 매우 중요한 역할을 하게 되었다. 캘리포니아 대학, 버클리 대학의 캐서린 밀턴(Katharine Milton)이 지적한 바와 같이 육식을 통하여 보다 많은 에너지를 얻게 됨으로써 유인원은 신체와 두뇌의 크기를 침팬지 크기에서 인간의 크기로 증가시킬 수 있게 되었다. 인간의 사회에 존재하는 사회적인 복잡성을 발전시키기 위해서는 적절한 수준의 섭식이 필요한데, 육식이 시작되기 전에 인류는 채식으로 이를 이루기 위하여 너무 많은 시간과 에너지를 허비하였다고 그녀는 주장한다. 만약 밀턴의 주장이 옳다면, 육식이야말로 직립 자세의 도래에 이어

지능의 출현에 중요한 두 번째 사건이 된다. 만약 직립보행으로 인해 육식을 시작할 수 있다면, 그 다음의 많은 변화가 가능해지는 것이다.

뉴멕시코 대학의 힐라드 카플란((Hillard Kaplan)과 그 동료들은 진화 이론을 이용하여 어린아이를 키우는 것과 어린 유인원을 키우는 데 있어서의 차이를 설명한다. 카플란의 주장으로는 고기는 고급식품이고 모두가 먹기를 원하지만, 얻기 어려운 것이어서, 어른들은 그 자식들이 사냥꾼이 되도록 여러 해를 투자한다는 것이다. 사냥꾼이 되기 위해서는 오랜 시간이 필요하다. 어미 늑대나 사자는 새끼들을 사냥꾼으로 만들기 위해 수개월을 가르친다. 인간의 자식에게는 훨씬 오랜 시간이 필요하다.

카플란에 의하면, 이런 이유로 부모가 자식을 훈련시키는 기간이 획기적으로 길어졌다고 한다. 그 결과는 매우 놀랍다. 기술적인 사냥꾼은 수년간을 그 자신뿐 아니라 가족을 먹여 살리게 된다. 그 결과 다른 유인원과는 달리 인류의 경우에는 성인이 되기 위해 매우 오랜 준비 기간이 필요하다. 수렵—채집자의 자식들이 어른이 되면 그들이 잡아오는 고기가 꾸준히 늘게 되고. 그 결과 인류는 침팬지가 도저히 상상할 수 없을 만큼 많은 양의 고기를 포획하게 되었던 것이다.

인류의 두뇌는 수 백 만년을 조금씩 자라오다가 어느 순간 폭발적으로 성장하게 되었다. 다수의 인류학자들에 의하면 이 일이 200만 년 전쯤에 일어났다고 생각되는데, 이 기간 동안에 유인원에 가까운 오스트랄로피테쿠스가 초기 인간에게 아프리카를 물려주게 된다. 그러나 다른 연구에 의하면, 이 폭발적인 두뇌의 성장은 훨씬 이후인 약 25만~30만 년 전 사이에 일어났다고 한다. 조지워싱턴 대학의 고고인류학자인 버나드 우드(Bernard Wood)에 의하면, 이 두뇌의 폭발적인 성장 이전에 일어난 두뇌의 성장은 단순히 신체 크기의 성장에 비례한 성장에 불과하다고 한다. 그가 지적하기를 이

때의 폭발적인 두뇌의 성장은 개개의 신체가 예측할 수 있는 두뇌의 크기를 훨씬 넘어선다고 한다. 만약 그의 결론이 옳다면, 우리는 인류의 두뇌가 왜 폭발적으로 성장하였나가 아니라 왜 30만 년 전에 이 성장이 일어났는지를 설명해야 한다.

8

보다 더 나은 두 발 동물

1984년 펜실바니아 주립대학의 앨런 워커(Alan Walker), 케냐 국립 박물관의 미브 리키(Meavy Leakey)와 리처드 리키(Richard Leakey) 고인류학자들과 전설적인 케냐 화석 추적자인 카모야 키메우(Kamoya Kimeu)는 케냐의 흙먼지 속에 파묻힌 고대 물웅덩이 속에서 인간과 유사한 해골을 극적으로 발견했다. 몇 개의 부서진 뼈 조각이 아니라 하나의 해골을 발굴하였는데, 매우 놀랍고 감동적인 발견이었다. 웅덩이 도랑둑에서 뼈를 한 조각 한 조각 제거하면서 워커와 그 팀 동료들은 10년 전 루시의 발견보다 더 완전할 뿐 아니라 지금까지 발견된 것 중 가장 완전한 초기 인간 화석을 발굴하고 있음을 알게 되었다. 그 뿐만 아니라 이 화석은 어떤 오스트랄로피테쿠스 화석보다 훨씬 더 현대에 가까운 것이었다. 해골은 십대 소년의 호모 에렉투스였고, 사망 원인은 알 수 없지만 아마도 질병이나 기아에 의한 것으로 추정되었다. 십대 소년은 웅덩이 언저리에서 150만 년 이상이나 머리를 흙속에 박은 채 매몰되어 있었다. '나리오코톰 소년'이라고 명명된 이 화석은 해골이 매우 오래되었어도 그 완성도가 뛰어났다. 사망 시 약 13세로 추정되는 이 소년이 현대 십대처럼 성장했다면 성인이 되었을 때, 아마도 현대인의 사지 비율을 한 호리호리한 6피트의 키를 가졌을 것이다.

오스트랄로피테쿠스 아파렌시스의 한 무리가 그들이 잠자던 나무에서 내려와 음식을 찾아 떠나고 있다.

인류가 200만 년 전 유인원 모양의 초기 '호모 속'(Homo genus)으로 몇 만 세대 이후 건장한 체격의 현대인의 체형으로 진보한 것은 매우 놀라운 사실이다. 그 짧은 기간 동안 우리 조상들을 현대인으로 진화시키려는 어떤 중요한 사건들이 있어났을 것이다. 조지 워싱턴 대학의 버나드 우드와 워싱턴 주립대학의 마크 콜라드 교수들은 호모 하빌리스를 포함하여 호모 에렉투스보다 더욱 원시적인 모든 사람류들은 오스트랄로피테쿠스 속에 포함시켜야 한다고 주장하고 있다. 그 이유는 호모하빌리스와 가까운 근친들은 150만~200만 년에 걸쳐 발견된 가장 새로운 화석 증거에 비추어 볼 때, 호모 에렉투스보다 훨씬 더 유인원을 많이 닮았기 때문이다. 비록 나리오코톰 소년처럼 호모 에렉투스의 뇌가 오스트랄로피테쿠스 뇌보다 몇백 입방센티미터 더 크지만 이와 같은 증대는 대부분 호모 에렉투스 자체의 더 큰 체격에 의한 것이다. 따라서 현대인에 필수적인 뇌

팽창은 체격 증대와는 무관한 것처럼 보인다.

그러면 이와 같은 현대화 과정의 시기에 두 발 보행의 본질에 변화가 있었던 것인가? 다양한 현대의 직립보행은 이미 오래전에 인간에게 광범위한 선택적 지위를 제공하고, 결국 더욱 효율적인 직립보행을 이용하여 짐승고기를 이용하게 되었을 것으로 보인다. 보행은 세대가 흘러가면서 왜, 그리고 어떻게 더 현대화되었던 것일까? 우리 조상들이 대단한 사냥꾼들이었기 때문일까? 그렇다면 언제였을까? 아니면, 그들은 고도의 숙련된 시체 청소부들이 되었던 것일까?

호모 에렉투스와 같은 초기 인간과 네안데르탈인 같은 고대 호모 사피엔스는 화석과학 역사를 이해하는데 지대한 영향을 미쳤다. 과학자들은 한때 호모 에렉투스를 인간에 거의 가까운 존재로 보았고, 또 다른 때에는 짙은 눈썹의 원인(ape-man)으로 보았다. 실제 진실은 그 중간에 있다. 호모 에렉투스는 아프리카에서 처음 약 180만 년 전부터 30만 년 전까지 구대륙에서 살았고, 그 후 구대륙를 완전히 건너 인도네시아 산림지대와 스페인 평원에 살았다.

호모 에렉투스는 붉은 고기의 주요한 소비자였고, 수렵을 위해 사용할 효과적인 무기나 연장이 필요했다. 호모 에렉투스는 눈물방울 모양의 조잡한 돌로 만든 손도끼를 연장으로 사용했는데, 돌 한쪽 끝을 깎아 끝이 칼날 모양이 되게 만들었고, 깎지 않은 끝은 손바닥에 잘 쥐어지도록 하였다. 손도끼들은 호모 에렉투스의 고대 집 울타리에서 많이 발견되었다.

그리고 호모 에렉투스가 사용했던 다른 연장들로서 깎는 기구와 고기 자르는 큰 칼들이 있었다. 이 기구들은 그 당시 일종의 가정용품이었다. 고생물학자들은 손도끼들이 호모 에렉투스에 의해 거의 100만 년 동안 변하지 않은 채 사용되었으리라 추정하고 있다. 당신의 뇌보다 그리 작지 않은 뇌를 갖고 있는 사람이 5만 세대 동안 큰 변화 없이 동일한 원시적 돌연장을 사용했다는 사실을 생각해보자. 전자 장난감들이 매 6개월마다 변하는 오늘날 세계와 비교하면 상상하기 어렵다.

호모 에렉투스는 돌도끼를 갖고 무엇을 했던 것일까? 이 연장들은 거칠게 조각된 고안물인데, 영양을 죽이고, 사체를 도살하고, 적을 죽이고 또는 나무를 자르는데 사용했는지 정확히 알 수가 없다. 최근 마드리드 대학의 마뉴엘 도민궤—로드리고와 그 연구자들은 고대 손도끼의 날카로운 끝 단면 위에 결정화된 식물세포를 확인하였다. 이는 호모 에렉투스가 나무창을 날카롭게 만들기 위해 손도끼를 사용했으리라는 추측을 낳고 있다. 만약 이러한 추측이 사실이라면 호모 에렉투스는 단순한 시체 청소부가 아니라 숙련된 사냥꾼이었음을 증명해주는 것이다.

우리는 호모 에렉투스가 100만년 동안 동일한 연장을 개조하지 않은 채 사용한 사실을 간과해서는 안 된다. 현대의 사냥꾼과 수렵자들은 효과적인 사냥을 위해 매우 간단한 연장과 무기들을 사용해 왔다. 만약 호모 에렉투스가 대부분의 연구자들이 믿는 인지능력을 갖고 있었다면 호모 에렉투스는 사냥의 효과적 협동을 위해 말 또는 몸짓언어 등을 협동적으로 사용했을 것으로 본다. 그들은 사냥의 최적 장소, 짐승 무리의 이동 패턴 그리고 다양한 동물사냥을 위한 접근 방법과 죽이는 방법 등을 배우고 터득했던 큰 사냥꾼들이었을 것이다. 이들은 사자나 다른 포식자들이 오기 전에 동물 사체를 신속하게 처리했어야 했을 것이다. 뿐만 아니라 이러한 모든 작업에 협동적 체제를 필요로 하는 조직사회 속에서 살았을 것이다.

쉽맨과 워커는 호모 에렉투스가 모든 이러한 일들을 수행했던 최초의 인간 조상이었다고 믿고 있다. 그 증거의 하나로 오스트랄로피테쿠스의 뇌가 500~600cm^3부터 호모 에렉투스의 1000cm^3 뇌 크기로 뇌 부피가 증대한 것을 들었다. 그러나 다른 고인류학자들은 뇌 팽창과 사냥은 훨씬 더 후에 일어났을 것으로 주장하고 있다. 뿐만 아니라 호모 에렉투스의 치아 생장과 발생 형상 연구에 의하면, 현대인보다는 유인원 치아와 더 많이 흡사하다는 결과가 발표되어, 호모 에렉투스와 관련된 인간진화는 아직도 논란의 대상이 되고 있다.

호모 에렉투스가 어떻게 살고, 고기를 먹었는지 등에 대한 화석 증거에도 불구하고, 직립보행이 그들 조상의 보행과는 어떻게 다른지에 대한 정보는 거의 전무하다. 지금까지 워커의 나리오코톰 소년의 화석이 가장 좋은 증거가 되고 있다. 그는 오스트랄로피테쿠스와는 현저히 다른 매우 효율적인 두 발 동물이었고, 아마도 현대의 마라톤 선수보다 더 효율적으로 달릴 수 있는 사람이었는지 모른다. 또한 그는 좁은 엉덩이와 긴 대퇴골을 갖고 있어 현대인보다 수직상의 더 좁은 평면 위에서 균형을 용이하게 유지할 수 있었을 것으로 본다. 이와 같은 좁은 엉덩이는, 여성 호모 에렉투스의 경우 현대여성처럼 두골이 큰 아기를 분만할 필요가 없었기 때문에 가능했으리라고 본다. 그러나 좁은 엉덩이는 호모 에렉투스의 직립생활에 실제 불편하지 않았을까? 워커교수의 제자인 미주리 대학의 카롤워드와 클리블랜드 국립 역사박물관의 부루스 라티머는 나리오코톰 소년의 척추에 대해 조사했다. 나리오코톰은 어느 인간 화석보다 완전한 척추를 갖고 있다.

나리오코톰 소년의 등뼈는 현대인과 두 가지가 다른데, 등 밑쪽에 요추골이 하나 더 있다. 이는 초기 유인원의 등뼈의 원시적 조건을 지탱하기 위한 것으로 간주된다. 나중에 척추골이 6개에서 5개로 감소한 것은 모든 식물로부터 육류에 이르는 혼합 먹이의 변화와 관련이 있는 것으로 보인다.

두 번째로 척추의 뼈는 현대인 것보다 그 표면적이 더 적고, 무게를 지탱하는 능력도 적다. 이 점에서 나리오코톰 소년은 현대 두 발 동물보다 약간 작다. 이 두 조건 때문에 알란 워커는 호모 에렉투스가 사냥하는데 필요한 장거리 달리기 및 걷기 등에는 효율적이지 못했을 것으로 추정하고 있다.

그 후 워커와 그의 동료들은 등뼈에서 귀로 관심을 돌렸다. 내이(inner ear)는 인간 유래의 수수께끼를 푸는데 좀 이상한 신체 부위일 수 있지만, 런던의 유니버시티 칼레지에서 내이의 반고리관 연구를 해왔던 프레드 스푸어(Fred Spoor) 교수에게는 전혀 그렇지 않았다. 반고리관은 몸의 균형조절을 돕는 기관으로서, 비록 이 기관은 연조직으로 되어 있지만, 내이의 돌돌말린 조직으로 구성된 딱딱한 껍질을 가진 전정기관 속에 들어있다. 컴퓨터 재생 스캐닝을 이용하여 스푸르 교수는 다양한 영장류와 다른 동물의 내이를 비교 연구하였다. 특히 그는 네 발 동물이 두 발 동물로 전환하는 과정에 몸의 평형을 유지하는데 어떠한 변화가 수반했는지 조사했다.

그는 호모 에렉투스가 초기 유인원보다 더 발달된 전정계를 갖고 있음을 발견했다. 이는 두 발 동물 보행의 근원을 연구하는 연구자들에게 매우 좋은 소식이었는데, 호모 에렉투스가 초기 어떤 형태의 인간보다도 더 현대적인 보행자였음을 입증하였다. 또한 초기 인간들은 현재 우리가 생각하는 것처럼 두 발로 보행하지 않았다. 왜냐하면 잘 발달된 전정계를 갖고 있지 않았기 때문이다. 여러 측면에서 볼 때 호모 에렉투스가 첫 현대 두 발 보행자였음을 보여주고 있다.

호모 에렉투스의 소통방식이 몸짓 언어 또는 말하기였는지 전혀 알 수 없지만, 어떤 형태로든 언어 구조를 갖고 있었을 것으로 본다. 워커 교수는 호모 에렉투스가 현대식의 언어를 갖고 있지는 않았을 것으로 보고 있다. 그 한 증거로 워커 교수는 현대인 것보다 더 작은 나리오코콤 소년의 척추 횡단면을 들었다. 이는 척추가 현대인처럼 운동조절 및 통제를 효율적으로 하지 못했음을 의미한다. 정상적으로 포유동물은 운동통제 시스템을 가동하기 위해 충분한 원기를 필요로 하고, 연장 사용 능력이 뛰어난 두 발 보행 능력을 갖춘 호모 에렉투스는 당연히 잘 발달된 시스템을 갖추고 있어야 했는데 그렇지 않았다. 생물학자 앤 맥라논과 워커 교수의 한 해부 연구에 의하면, 나리오코톰 소년은 현대인보다 척추에 더 적은 신경회로를 갖고 있었기 때문에 원시적 형태의 언어만을 구사할 수 있었을 것으로 보고 있다.

직립보행에 따르는 많은 파급효과의 하나는 호흡과 보행이 분리되었다는 것이다. 이는 말을 시도하게 만드는 주요한 진화적 진보였을 것이다. 왜냐하면 우리 조상들은 말소리를 내기 위해 처음으로 호흡률을 조율할 수 있었기 때문이다. 워커 교수에 의하면 현대인이 호모 에렉투스보다 훨씬 더 많은 신경 연결을 갖고 있는 이유가, 말을 가능케 하는 호흡 통제를 증진시켜야 하는 필요에 있다고 보고 있다. 이는 호모 에렉투스의 흉강(胸腔)에서 신경연결 작용이 훨씬 더 적은 이유를 잘 설명해 주고 있다. 신경연결은 팔과 다리의 정교한 조절이 필요한데, 그러나 우리가 가지고 있는 것처럼 정교한 조절이 횡격막과 가슴에는 없었다.

우리는 언어의 기원에 대해 많이 알지 못한다. 언어 구사에 관련된 신체조직들이 화석화되지 않았기 때문에 우리는 어떤 조상이 처음 말하기 시작했는지 다만 추측할 수 있을 뿐이다. 호모 에렉투스를 포함하여 초기 인간들은 양육을 받은 큰 유인원만큼 손을 사용한 사인(sign) 언어(몸짓언어)를 구사했을 것이다.

네안데르탈인

네안데르탈인이라는 이름은 수십 년 전에 경멸적인 의미를 내포하고 있었다. 독일 뒤셀도르프 근처 네안데르 골짜기에서 광부에 의해 발견된 첫 표본이 1850년에 나타났다. 그 당시 아무도 이 화석을 어떻게 해야 할지를 몰랐다. 대부분의 전문가들은 현대 유럽인 조상의 계보에서 미개인의 한 증거로만 생각했다. 네안데르탈인의 역할에 대한 무지는 시간이 흘러가면서 그 의미가 논란의 대상이 되었고 복잡해졌다.

1908년 또 다른 네안데르탈인이 프랑스 남서부 라샤펠—오—센트라는 곳에서 발견되었다. 해골은 거의 완전하였고 태아였다. 동물뼈 조각과 부싯돌 연장들이 몸 주변에 흩어져 있었다. 이 발견물은 프랑스 해부학자 마셀불르에게 인도되었고, 그는 해골에 대한 오랜 연구 분석 끝에 책을 서술하였는데, 이 화석이 낮은 지능과 제대로 직립하지 못하는 짐승 같은 야만인이었을 것이라고 결론 내렸다. 그의 분석은 형편없는 것이었다. 그는 불구의 네안데르탈인의 관절염을 자연적으로 등이 굽혀진 원시적 자세로 착각하고, 머리가 둔한 야만인으로 생각했다. 뿐만 아니라 마셀불르와 그의 동료들은, 초기 인간은 매우 원시적이었을 것이라는 그 당시의 통념을 피하기 어려웠을 것이다.

네안데르탈인은 구대륙에서 10만 년 전(아마도 30만 년)에서 3만 년 전 이전에 살았던 현대인에 가까운 형태의 사람들이었다. 다른 지역에서 발굴된 3개의 네안데르탈인의 DNA 분석 결과를 토대로 볼 때, 네안데르탈인은 동시에 출현하고 있었던 현대인과는 유전적으로 다르게 나타났다. 과학자들은 네안데르탈인과 현대인을 분간하기 위해 화석을 조심스럽게 연구해야만 했다. 아래 나열한 신체적 특징을 볼 때 그 차이점을 파악하기가 쉽지 않다. 즉, 더 길고 납작한 해골, 더 튀어나온 얼굴, 활 모양의 눈썹과 돌출된 턱 그리고 현대 스칸디나비아인의 특징을 갖는 큰 뼈의 체격 등을 열거할 수 있다. 실제 네안데르탈인의 뇌는 더 큰 해골 때문에 현대인의 뇌보다 더 크다.

1960년대 북 이라크의 샤니다르 동굴에서 피부염색과 꽃으로 장식된 네안데르탈인이 발견되었다. 호모 에렉투스의 경우처럼, 이 네안데르탈인에 대한 논란이 일어났다. 네안데르탈인 연구의 세계적인 권위자인 미주리 센트루이스의 워싱턴 대학의 에릭 트린카우스 교수는 골반뼈를 분석 한 후 네안데르탈인은 현대인의 9개월 보다 더 긴 거의 1년 동안 아기를 임신했을 것이라고 발표했다. 그리고 네안데르탈인의 건장한 하체에서 운동력 저하를 발견했다. 트린카우스 교수의 발견은 고고학자 루이스 빈포드의 연구에 의해 지지를 받았다. 빈포드가 화석 뼈에서 발견한 베어진 자국은 육식동물의 이빨에 의해 만들어진 것으로 나타났다. 이는 이 유인원들이 먹이들을 용감하게 사냥하고 먹었으리라는 사실에 대한 회의를 갖게 만들었다. 빈포드에 의하면, 네안데르탈인은 다른 육식동물들에 의해 죽은 동물들을 가지고 도망했을 것이라고 설명했다.

트린카우스와 빈포드는 네안데르탈인은 제한된 지적능력을 보완하기 위해 근육을 이용하면서 들판을 다녔을 것이라고 주장했다. 이들 연구자들에 의하면 네안데르탈인은 언어뿐만 아니라 사냥에 필요한 이지적 기술이 결핍됐던 것으로 나타났다.

그러나 이러한 생각은 아주 잘못된 것이었다. 원숭이, 늑대, 호박벌 모두가 자연 속에서 특정 목표를 기억하여 사는 것처럼, 고대 유인원들은 더 나은 수단을 이용하며 살았을 것이다. 미시간 대학의 존 스페트 교수는, 고대 유인원들은 유럽과 아시아에서 빙하시대에 가장 크고 위험한 동물들을 죽일 수 있었던 무서운 사냥꾼들이었다고 발표했다. 그는 이러한 증거를 세계에서 가장 중요한 네안데르탈인 발굴지의 하나인 이스라엘의 케바라 동굴로부터 얻었다. 이 동굴 속에서 네안데르탈인은 주기적으로 살았고 영양들을 능숙하게 사냥했다. 그들은 어리고 병든 먹이만을 죽이지 않았다. 사냥꾼들은 병들고 어린 동물들은 포획하기가 더 쉬웠음에도 불구하고, 건강하고 성숙한 동물들을 먹잇감으로 사냥하였다. 이러한 선택능력은 '머리가 우둔한' 네안데르탈인이 보유했던 특징과 분명히 판이한 인간적 특성이다. 인간들은 동굴에서 먹잇감을 요리하고, 남은 것은 동굴 벽 옆에 버렸다.

또 다른 중요한 연구에서 애리조나 대학의 고고학자인 메리 스티너(Mary Stiner) 교수는 지중해 네안데르탈인은 건강하고 성숙한 동물들을 포획하여 먹었다고 발표했는데, 이는 사체 청소 대신 사냥이 전형적 생활양식이었음을 시사하는 것이다. 인간만이 어리고 병약한 동물보다는 더 좋은 지방의 원천이 되는 건강하고 성숙한 동물들을 주기적으로 사냥했다. 스티너 교수의 연구를 통해 해부학적으로 현대적인 네안데르탈인인 고대 유럽인들은 생존을 위해 사체 섭식과 사냥을 매우 효율적으로 수행했음을 알 수 있다.

그러면 네안데르탈인과 현대인은 같은가? 네안데르탈인은 다만 우리의 인종적 변이체에 불과한 것일까? 대부분의 화석 전문가들은 이러한 견해를 부정하고 있다. 그러나 어떤 사람들은 해부학적인 현대적 특성을 고려한 다양한 측정 기준을 이용해, 오스트레일리아 원주민들의 두드러진 안구 주변의 눈썹 때문에 현대인으로 간주될 수 없다고 생각한다. 이는 다양한 형태의 인간들에게 임의로 명칭을 부여하는 것에 불과하다.

이주 경로

그들은 몇날 며칠을 걸었다. 때때로 견과류나 식물을 모으고, 사냥을 하여 고기를 얻기도 하였다. 그들의 긴 다리는 인류가 한 번도 딛지 못했던 새로운 땅으로 그들을 인도하였다. 그들은 넓은 초원을 지나고, 울퉁불퉁한 언덕을 넘고, 굽이쳐 흐르는 강을 건넜다. 생활환경도 변화했다. 열대초원지역을 벗어나 계절에 따라 추워지고 나무가 자라는 곳으로 이동하였으며, 매우 건조한 땅에 도착하기도 했다. 그들은 때때로 한 장소에서 몇 달 혹은 몇 년씩 머물기도 했다. 지중해 연안에 도착했을 때는, 조상이 살던 땅을 보지 못한 새로운 세대가 태어났다. 가는 곳에 따라, 식습관, 의복, 문화를 주변 환경에 적응하여 변화시켰다. 그들은 인간이 환경에 대처하면서 보이는 모든 행동을 나타내기 시작했다.

먼 거리까지 보행할 수 있는 능력은 인류사의 한 시점에서 우리 조상이 아프리카가 아닌 지구의 다른 지역으로 이동할 수 있게 했다. 근대 인류의 한 세대는 결국 지중해의 가장 동쪽인 중동지역에 도착하였다. 이곳으로부터 후손들은 유라시아, 유럽 그리고 보다 동쪽으로 이동하였다. 시점은 다르지만 아프리카로부터의 이주는 계속되었다. 1년에 수 킬로미터 정도일지라도, 인류는 적도의 요람을 벋어나 새로운 거주지를 찾아 빠르게 이동하였다.

이러한 이주가 언제 시작되었는가는 커다란 논란의 대상이 되었다. 1980년 전까지만 하더라도, 호모 에렉투스가 100만 년 전에 아프리카를 떠났다고 믿고 있었다. 손 도구들을 만들 줄 알고, 두 발로 효율적으로 걸을 수 있도록 진화된 후에야 인류는 비로소 다른 세상으로 나아가는 장거리 이동이 가능했을 것이다. 최초의 이주자들은 우리의 직접 조상, 즉 호모 사피엔스가 아닐 것이다. 인류학적 증거들에 의하면 현 인류와 해부학적으로 매우 유사한 인류는 3만 5,000년 ~ 4만 년 전에야 출현한 것으로 추정되었다. 최근에 현 인류와 거의 유사한 인류의 유골이 남아프리카와 중동지역에서 새롭게 발굴되면서 호모 사피엔스는 10만 년 전에 출현했다는 새로운 증거가 제시되었다. 더 나아가 2003년 6월, 16만 년 전 것으로 추정되는 호모 사피엔스와 매우 유사한 뼈가 에티오피아에서 발견되면서 현대 인류의 출현은 그보다 더 오래되었을 것으로 주장되기도 한다. 하지만 현존하는 호모 사피엔스 유물만으로는 호모 사피엔스가 아프리카 대륙을 떠난 최초의 인류라고 할 수 없다.

인도네시아, 중국, 유라시아를 걸쳐 발견된 고인류의 화석에 근거하여, 인류가 100만 년 전에 아프리카를 떠나 이주하였다는 주장이 제기되었지만, 이러한 주장은 1999년 드마니시(Dmanisi) 마을에서 발견된 유물에 의해 사라지게 되었다. 드마니시는 조지아(Georgia) 공화국[10]의 수도 트빌리시(Tbilisi)로부터 남서쪽으로 93km 떨어진 곳에 위치한다. 두 강이 갈라지는 이곳에 폐허가 된 중세의 성이 있

10) 조지아 공화국은 동유럽과 서남아시아의 경계에 위치하며, 흑해의 오른쪽 터키 위쪽 러시아의 남쪽에 존재한다.

다. 초기 인류의 유물이 드마니시에서 발견됨에 따라 이 성은 유라시아 지역에서 고고학적으로 가장 중요한 위치에 세워졌다고 할 수 있다.

드마니시에서는 최소한 4명의 초기 인류 유물과 수천의 돌 기구 및 당시 사회에서 먹었을 것으로 생각되는 고대 사슴, 기린, 그 밖의 동물 유물 수천구가 발굴되었다. 드마니시 화석의 연대는 약 170만 년 전의 것으로 추정되었기 때문에 매우 흥미롭기도 하지만 논란의 대상이 되기도 하였다. 아무튼 화석의 연대가 맞는다면, 드마니시의 인간은 유럽지역에서 발견된 가장 오래된 인류이며, 아프리카를 떠나온 최초의 인류일 것으로 추정된다.

드마니시 인간은 아프리카에서 160만 년 전에 최초로 출현한 것으로 추정되는 호모 에렉투스 나리오코톰 소년[11](Nariokotome boy)과 유사하다. 드마니시 인간은 뇌가 작은데, 이는 오스트랄로피테쿠스 화석 루시[12]와 현 인류의 중간 정도이며, 유럽에서 발견된 후기 호모 에렉투스보다는 조금 작은 정도이다. 또한 드마니시 인간은 나리오코톰 소년보다 작고 말랐다. 이들이 사용한 기구는 후기 호모 에렉투스의 손도끼와는 달리 조악하고 거칠게 깎여진 것이었다.

드마니시 화석은 아프리카에 살던 인류의 조상과 유럽 및 극동 아시아에 사는 후예들을 이어줄 수 있는 중요한 유물이다. 화석 전문가들은 드마니시의 호모 에렉투스와, 아프리카, 북경, 인도네시아에서 발견된 호모 에렉투스가 같은 종(species)으로 불리어야 하는가에 대해 뜨겁게 논쟁하였다. 이러한 논쟁은 지난 2세기 동안 곳곳에서 진행되었다.

2001년 4월, 이러한 종에 대한 논쟁이 미국 자연인류학회(the

---

11) 나리오코톰 소년은 투르카나 소년(Turkana boy)으로도 불리며, 케냐의 투르카나 호수 근처 나리오코톰 지역에서 1984년 카모야 키뮤 (Kamoya Kimeu)에 의해 발견되었다. 약 11~12살 소년의 화석으로 추정된다.

12) 루시는 1974년 12월 24일 에티오피아 어와시(Awash) 언덕에서 발견되었고, 320만 년 전의 것으로 추정된다.

annual meeting of the American Association of Physical Anthropologists)의 한 분과 회의에서 토론되었다. 드마니시 화석은 후기의 아시아 호모 에렉투스보다 초기의 아프리카 호모 에렉투스에 보다 가깝다. 그러나 대부분의 전문가들은 몇 가지 차이점이 있다고 해서 이것을 새로운 종으로 분류하는 것에 대해서는 반대하였다. 학자들은 세월이 지남에 따라, 집단의 이동이 계속됨에 따라, 집단은 서로 고립되고, 그 안에서 돌연변이가 형성되고, 집단은 분화하게 된다고 믿고 있었다. 그러나 이들이 어느 시점에서 새로운 종으로 분화하는가는 대답하기 어려운 질문이다.

드마니시 인간의 발견은 두 발로 엉성하게 걸어 다니는 아주 초기 인류로부터 뇌가 크고 오랜 기간 걸을 수 있는 현 인류로의 진화를 설명하는 데 있어서 매우 중요하다. 최초의 인류로서 현 인류와 여러 가지 모양새가 비슷한 호모 에렉투스가, 200만 년 전에 동아프리카에서 출현하였다. 곧이어, 그들은 아프리카와 유라시아를 연결하는 비옥한 땅인 동부 지중해 연안으로 이주했다. 드마니시 인간의 발견은 이들이 우리 생각보다 빠르게 유럽에 도착했으며, 그곳에서 먹이사슬의 가장 높은 곳을 차지하고 있었음을 보여준다.

아주 빠르게 그리고 멀리 이동하는 이러한 이주는 인류에 무언가 혁신적인 변화가 있었기 때문에 가능했을 것이다. 우리는 아직 그것이 무엇인지 모른다. 과학자들은 호모 에렉투스가 손도끼를 발명함으로써 새로운 도구를 개발할 수 있게 되고, 고기를 먹는 방법이 개선되면서 새로운 세계로 퍼져나갔을 것으로 추청하고 있었다. 그러나 조악하고 원시적인 도구를 만들 수 있었던 드마니시 인간의 화석은 이러한 가설에 부합되지 않는다. 또 다른 가능성은 커진 뇌이다. 그들의 뇌는 이들보다 앞선 인류의 뇌보다 크다. 그렇다면 커다란 뇌로부터 나온 새롭게 습득된 지혜가 그들을 멀리, 전혀 새로운 환경으로 이동할 수 있게 하였겠는가? 그러나 대답은 부정적이다. 오늘날에는 새롭게 습득된 인지기능의 발달보다는 몸집이 커짐으로써 빠른 확산이 가능했을 것이라는 가설이 보다 설득력 있게 받아들여지고 있다. 거대한 포유류일수록 넓은 지역을 사용하고, 매일 조금씩 더 돌아다니게 되고, 음식을 찾아 1년 내내 이동하게 된다. 인류의 몸집이 커짐에 따라, 200만 년 전에 호모 에렉투스와 이들의 변종은 사냥을 위해 혹은 그들의 놀이를 위해 보다 넓은 지역을 돌아다녔을 것이다. 이러한 습성은 어느 순간 이주할 수 있는 능력으로 발전했을 것이다. 이러한 가설이 맞는다면, 우리는 뇌의 크기보다는 직립보행이 인류의 지구 정복을 가능하게 했다는 가설을 다시 한 번 생각하게 된다.

아프리카를 떠나 동쪽으로

2002년 여름, 나는 북경에서 열린 국제학회에 마지막 날 참석했었다. 찌는 듯한 더위에 참석자들은 에어컨 바람이 시원한 호텔 로비에 머물렀고, 나는 사람들이 북경인 동굴(Peking man cave)에 대해 얘기하는 것을 들을 수 있었다. 나는 인류학자로서 매해 가을 학기 인류 진화학 시간에 학생들에게 강의했던 그 유명한 북경인 화석에 대해서 모든 것을 알고 있었다. 그러나 그 북경인 화석 동굴이 북경에서 그렇게 가까운 곳에 위치하고 있었다는 것은 알지 못하였다. 학회 마지막 날인 것도 무시하고, 나는 바로 택시를 잡아타고 시내에서 33km 떨어진 주쿠디엔(Zhoukoudian)으로 향했다. 발굴 장소는 채석장이 있었던 곳으로, 이곳에서 1920년대 말에 아주 잘 보존된 고인류 유물이 발굴되었다. 오늘날 주쿠디엔은 유네스코 세계 인류 유산 지역으로 아름답게 복원되었으며, 한 개의 작은 박물관과 많은 동굴이 있고, 관광객들도 있다.

관광지 중의 하나인 동굴을 방문하였다. 좁은 길이 골짜기를 따라 동굴입구까지 연결되었다. 동굴은 협곡 안에 둥글게 파여져 있었다.

바깥에 튀어나와 있는 바위는 호모 에렉투스 가족 거주지의 지붕이었을 것이다. 오래전 채광에 의해 많이 변화되었지만, 나는 40만 년 전의 모습을 상상할 수 있었다. 굵은 눈썹을 가진 사람들이 그날 사냥한 것을 들고 혹은 그들의 아이들을 안고 이곳을 들락거리는 것이 눈에 선했다. 그들은 드마니시에 살았던 그 인류로부터 6만 세대가 지난 후손들이다. 그들은 동아시아 먼 곳까지 찾아와 정착하였던 것이다.

주쿠디엔 화석에 대해서는 재미있는 이야기가 많이 있다. 1921년 스웨덴의 지질학자가 이곳에서 동물의 뼈와 인간의 이빨을 찾았는데, 이곳은 한약 재료에 사용되는 용의 뼈를 구할 수 있는 곳으로서 이 지역 중국인에게 유명하였다. 이 지역의 지질조사를 하던 중국의 지질학자인 페이 웬숑(Pei Wen-shong)은 이곳을 고고학적 발굴지로 개발하였는데, 1929년 그는 여러 동굴 중 한 곳에서 인간의 머리뼈를 발견하였다. 이것은 매우 엄청난 발견이 되었고, 페이는 과학자로서 유명해졌다.

캐나다의 의사이자 화석학자인 데이비드슨 블랙(Davidson Black)은 당시 중국에서 해부학을 가르치고 있었는데, 그는 주쿠디엔에서 인간 머리뼈의 발견을 매우 관심 있게 지켜보던 과학자 중의 한 명이었다. 블랙은 원래 런던에서 수학했는데, 그 당시 같이 연구하던 동료 과학자 중에는 레이몬드 다르트(Reymond Dart) 박사가 타웅 어린이[13] (Taung child)의 머리뼈를 고인류의 화석이라고 주장한 것을 부정했던 학자도 있었다. 블랙은 주쿠디엔에서 발견된 머리뼈가 매우 오래된 인류의 것으로 생각하고, 곧바로 주쿠디엔에서 열성적

13) 타웅 어린이 화석은 오스트랄로피테쿠스 화석으로 1924년 남아프리카 타웅 지방에서 발견되었으며, 약 250만 년 전의 것으로 추정된다. 다르트 박사는 타웅 어린이 화석을 고인류의 새로운 종으로서 인식하고 그의 발견을 공표하였다. 그러나 당시 영국에서는 유인원의 뼈인 피트다운 인간 (Pitdown man)이 원숭이와 인간을 이어주는 진화학적으로 보다 가치 있는 것으로 생각하여 다르트 박사의 업적은 주목받지 못하였다.

으로 발굴작업을 하였다. 수개월에 걸쳐 머리뼈를 발굴한 후 그는 유럽여행 일정을 잡고, 자신이 현재까지 발굴되지 않았던 가장 중요한 인간 화석을 발견하였다고 세계에 공표하였다.

블랙 이전에 다트나 유진 듀보이스[14)](Eugene Dubois)가 각각 아프리카와 인도네시아에서 발견된 고인류에 대한 학설을 주장하였었다. 하지만 그들의 학설에 대해서 학계는 매우 회의적이었던 반면, 블랙은 별 어려움 없이 과학사회에서 그의 의견을 설득시키고, 그가 발견한 북경인(Sinanthropus pekingensis, Chinese man from Peking)이 인류의 선사시대를 이해하는데 결정적으로 중요함을 공표하였다. 후에 북경인의 머리뼈가 듀보이스가 발견한 자바인의 머리뼈와 같은 종류의 것임이 발견되면서 북경인은 호모 에렉투스로 재명명되었다. 블랙의 의견이 받아들여진 데에는 그 당시 강력한 인종주의적 편견도 한 몫을 했다. 즉 아시아는 인류 발상의 근거지가 될 수 있지만, 아프리카는 될 수 없다고 생각한 것이다. 루시와 그 종족 오스트랄로피테쿠스 화석이 아프리카에서 발견되었음에도 불구하고 중국인들은 오늘날에도 아프리카가 아닌 중국이 인류 발상의 요람이라고 주장하고 있다.

블랙은 북경인의 발견으로 유명한 과학자가 되었으며, 1934년 요절하기까지 주쿠디엔 동굴에서 발굴을 계속 하였다. 블랙이 북경인을 발견한 것으로 유명한 반면, 그의 계승자 독일의 프란쯔 바이덴라이히(Franz Weidenreich)는 그것이 사라지는 것을 지켜볼 수밖에 없었다. 바이덴라이히는 북경인에 대한 연구를 이어받았다. 1930년대 중반 그의 지휘 아래 보다 많은 인간 머리뼈와 이와 관련된 뼈가 발굴되었다. 6개의 완벽한 머리뼈를 포함해서 최소한 40명의 뼈가 발굴되었고, 10만 개가 넘는 돌 기구 및 유물이 발견되었다.

그런데 여기에 세계적인 사건이 끼어들었다. 일본이 1933년 중국

---

14) 듀보이스는 네덜란드의 해부학자로서, 1891년 인도네시아 자바 섬에서 인간과 유인원의 중간 정도의 직립보행을 하는 새로운 종 (Pithecanthropus erectus)을 발견하였다. 후에 이 자바인은 호모 에렉투스로 재명명되었다.

을 침공하였고, 그들의 점령지가 북경과 주쿠디엔까지 확대됨에 따라, 일본은 주쿠디엔 머리뼈에 대한 지대한 관심을 보이기 시작했다. 일본군은 발굴하는 일꾼들을 괴롭히고 심지어 죽이기까지 했으며 발굴 작업을 멈추게 하였다. 1930년대 말 긴장이 더욱 증가되자 중국에 거주하던 많은 외국인은 중국을 떠났고, 바이덴라이히 역시 떠나게 되었다. 그는 그때 중국을 떠나서도 계속 연구를 하기 위해 주쿠디엔 화석의 사진, 석고 틀을 가능한 많이 가지고 갔다.

1941년 말, 일본군이 화석이 있는 실험실을 공격할 것이라는 소문이 돌면서, 중국의 과학자들은 미국 대사관에 도움을 요청하였다. 화석은 조심스레 포장되어 해안으로 가는 기차에 옮겨졌고, 이후 캘리포니아로 가는 배에 실릴 것으로 예정되었다. 그리고 미국 해병대가 이 귀중한 화석을 호위하였다. 그러나 계획은 무산되었다. 주쿠디엔 화석은 1941년 12월 7일 퀸후앙다오(Qinhuangdao)의 항구도시에 도착하였지만, 이날 일본은 진주만을 공격하고, 미국의 루즈벨트 대통령은 즉각 일본과의 전쟁을 선언한 날이다. 화석을 싣기로 예정된 미국 배는 도착하지 않았고, 화석을 실은 기차는 일본군의 매복에 습격당했다. 일본군은 기차와 화물칸을 압류하고 해병대를 감옥으로 보냈다. 이후 화석은 되돌아오지 않았다. 바이덴라이히가 석고 틀과 사진을 보관한 예견이 있었기에 그나마 다행이었다. 전쟁 후에도 주쿠디엔 화석에 대한 발굴은 이루어졌지만 더 이상 중요한 화석은 발굴되지 않았다.

주쿠디엔 동굴은 약 45~23만 년 전에 호모 에렉투스 북경인에 의해 거주지화 되었다. 해부학적으로 볼 때 북경인은 40만 년 전에 살았을 것으로 생각되는 듀보이스의 자바인과 매우 닮았다. 수십만 년이 넘는 시간의 흐름에도 호모 에렉투스에게 유일한 변화는 문화적 변화일 뿐이다. 세대가 흐름에 따라 주쿠디엔의 돌 기구는 점점 작아지고 정교해졌다. 거칠었던 돌 도구는 정교한 돌 도구로 대체되었다. 아마도 이를 통해 사냥기술이 좋아졌을 것이다. 과학자들 간에 이견이 있긴 하지만, 부싯돌이 발견된 점은 이들이 동굴에서 불을 사용했을 것이라는 추측을 낳게 한다.

호모 에렉투스의 커다란 몸집을 가진 직립한 모양새는 그들이 처음 세상에 나타난 200만 년 전이나, 동아시아에서 도착해서 30만 년 간 살다가 지금부터 20만 년 전 사라진 그때까지 그대로 유지되었다. 어떤 과학자들은 이들이 인도네시아로 이주하고, 무수히 많은 섬에 정착하기 위해서는 이들이 배를 만들 수 있어야 했다고 믿는다. 이러한 추론이 맞는다면, 호모 에렉투스는 아주 초기부터 어떠한 환경에도 적응하여 옮겨 다닐 수 있는 능력을 가졌을 것이다. 그들은 그들이 생각할 수 있는 모든 곳으로 이동할 수 있었고, 그곳에 성공적으로 정착할 수 있는 강력한 능력을 가졌을 것이다.

이브는 에덴 동산에서 걸어 나왔을까?

이제까지 고도로 숙련된 장거리 보행자였던 호모에렉투스인은 먼 여행을 하였다. 그러나 그 후 호모사피엔스가 나와 빠르게 지구상 인류의 유일한 후계자가 되었다. 우리는 호모에렉투스가 25만년과 3만5천 년 전 사이에 간단하게 호모사피엔스로 진화되었다고 추측하곤 하였다. 더욱이 약 25만 년 전 원시 인류와 현대 인류 사이의 변천의 표본으로 보이는 고대 호모사피엔스라 불리는 한 부류의 화석 인간도 있다. 호모사피엔스가 먼저 네안데르탈인으로 진화되었고 후에 네안데르탈인이 완전한 현대 인류로 진화되었다는 가설도 있었다.

그런데 1980년대에 남아프리카와 중동 지방에서 발굴 작업을 하던 고고학자들은 약 10만 년 전에 완전한 현대 인류가 살고 있었다는 증거를 발견하였다. 남아프리카의 케이프타운 근처의 클라시스 강어귀에는 아프리카 남단을 향해 입구가 열려있는 동굴이 있다. 오늘날에는 동굴을 올라가는 것이 어렵지만 10만 년 전에는 동굴의 입구가 바위가 많은 바닷가로 나 있었다. 연구원들은 그 안에서 현대 인류의 유해 중 가장 오래된 것으로 알려진 약 11만 5,000년 된 유해를 발견하였다. 아프리카의 다른 2개 유적지에서도 현대 인류에 대한 많은 증거들이 나왔다. 훨씬 북쪽인 이스라엘의 스쿨이라는 곳에 있는 동굴에도 약 11만 년 된 현대 인류의 유해가 나왔다. 축구 경기장 크기 정도 떨어진 타분이라는 다른 동굴에서는 대략 같은 시기의 네안데르탈인의 뼈가 발견되었다. 이와 유사하게 이스라엘의 콰프제, 케바라 등지에는 옆으로 나란히 위치하여 쌍으로 있는 동굴들이 있는데, 이곳들에서도 현대 인류와 네안데르탈인의 유해가 발견되었다.

네안데르탈인과 현대 인류가 같은 시대에 존재하였다는 사실로부터 현대 인류가 네안데르탈인으로부터 직접 진화되었다는 개념이 나오게 되었으며, 또한 이 사실은 많은 인류학자들에게 우리가 호모에렉투스 직계로 진화하지 않았다는 것을 확신시켜주었다. 1980년대 이래로, 사람들의 이주와 분산의 역할에 대한 견해에서 두 개의 경쟁 학파가 출현하였다. 이들 사이의 논쟁은 과학의 어느 경우에서나 마찬가지로 악의에 찬 것이었다.

앤아버에 있는 미시간 대학의 생물학적 인류학자인 밀포드 월포프(Milford Wolpoff)와 호주 국립대학교의 고고학자인 앨런 손(Alan Thorne)은 호모에렉투스가 아프리카에서 유럽과 아시아로 이주한 후 이들이 광대한 지역에 걸쳐 거의 동시에 현대 인류로 진화하기 시작하였다는 견해를 주도적으로 지지하는 사람들이었다. 이러한 접근법을 나지역 연속성설(multiregional continuity theory)이라 불렀다. 월포프와 손은 호모에렉투스가 한때 구세계에 정착하였으며, 현대 인류는 각 호모에렉투스 집단에서 독립적으로 나타났다고 제안하고 있다. 연구원들은 다양하게 출현하는 집단 사이에서 이주가 제한적으로 일어났기 때문에 모든 현대 인류는 대체로 같게 보인다고 믿는다. 인종 사이에 뚜렷한 차이가 있는 것은, 예를 들어 중국에 있는 사람들이 스칸디나비아 반도에 있는 사람들로부터 격리된 결과로서 나온 것과 같다고 월포프와 손은 말하고 있다.

이를 설명하기 위해 월포프와 손은 아시아와 호주에서 발견된 다수의 고대인 두개골을 지적하였다. 예를 들어 인도네시아의 산기란에서 발견된 일련의 두개골들은 현대 인도네시아인의 것과 해부학적으로 유사함을 보여주고 있으며, 조우코우디안의 중국인 두개골은 베이징의 현대 중국인의 얼굴형과 관련이 있는 것으로 보인다. 이와 같은 유사성의 이유는 명백하다고 연구원들을 주장하고 있다. 오늘날 중국인은 50만 년 전에 그 지역을 차지하였던 호모에렉투스로부터 직접 계통을 이어받았다.

월포프와 손의 개념이 맞는 것이라면 의미심장한 것이다. 호모에렉투스인이 오래되었다는 것은, 우리 호모사피엔스가 그들로부터 직접 계통을 이어받았다면, 현재의 종족 집단들은 100만 년이 더 되는 오래된 분리 역사를 갖고 있을 것이라는 것을 뜻한다. 이 기간은 유전적 차이가 축적되기에 충분히 긴 시간이다. 이들 개념은 인종 사이에 존재한다고 주장되는 지능의 차이가 여러 가지 지리적 집단의 진화 역사에서 과학적 근거를 갖고 있음을 어느 정도 암시하기도 한다.

그러나 이러한 견해는 현대 인류를, 이전에 출현한 사람과는 전혀 다른 새로운 종으로 보는 많은 화석 전문가와는 잘 어울리지 않는다. 많은 연구자들은 월포프와 손이 제시한 현대 인류가 오래되었다는 견해에 대해 불쾌하게 생각한다. 1988년에 영국 자연사박물관의 크리스토퍼 스트링거(Ghristopher Stringer)와 피더 앤드류스(Peter Andrews)는 호모사피엔스 출현에 대한 새로운 모델을 제시하였다. 구세계 전체에 걸쳐서 현대 인류가 빠르게 출현한 것으로 보이는데, 이것을 설명하기 위하여 노력하던 가운데 스트링거와 앤드류스는 호모에렉투스에서 현대 인류로의 전환을 종의 형성으로 보아야 한다고 주장하였다. 이들의 견해에 따르면, 현대 인류는 아프리카의 어떤 대대로 내려오고 있는 가계로부터 출현하였으며, 이후 빨리 이주하였고, 이들은 지나가면서 기존의 보다 원시적인 사람들의 집단을 대체하였다. 따라서 현대인은 네안데르탈인과 조상을 공유하지 않으며, 네안데르탈인은 인류의 가계도 상에 있는 잔가지일 뿐이고, 우리의 선조들에 의해 유전적 자취를 남기지 않고 멸종하였다고 주장한다.

스트링거와 앤드류스의 시각은 우리가 생물학 종으로서 우리 자신을 보는 견해와 근본적으로 다르며 광범위한 뜻을 내포하고 있다. 이들은 현대 인류가 매우 늦은 시점인 겨우 15만 년 전에 출현하였다고 제안하였다. 이것은 현대 인류의 인종들이 최근에서야 분기되었으며, 이들 사이의 어떠한 차이점도 생물학적으로는 의미가 없다는 것을 뜻한다. 아프리카를 제외한 세계 어디에도 현대 인류가 직접적인 호모에렉투스 가계를 갖고 있는 곳은 없으며, 네안데르탈인이 우리의 혈통과 맞는 곳은 어디에도 없다.

스트링거와 앤드류스 옹호자들은 현대 인류 사이의 관련성이 시작되는 최신의 이주라는 도발적인 이론을 제기함과 동시에 그 증거를 찾았다. 증거는 고고학 발굴 유적지의 먼지투성이 구덩이가 아니라 생화학자와 유전학자의 실험실에서 나왔다. 버클리에 있는 캘리포니아 대학의 유명한 생화학자였던 고 앨런 윌슨과 인류학 대학원생인 레베카 칸(Rebecca Cann)은 고대 화석과 동일한 지역에서 살고 있는 현대 인류 사이의 명백한 유사성이 양쪽의 유전적 혈통을 반영하는지 알아보기 위하여 노력하였다.

윌슨과 칸은 사람들 사이의 신정한 관련성 정도를 알아보기 위해 전 세계 사람들의 DNA를 연구하고자 하였다. 만약 오늘날 지구상에 살고 있는 모든 사람이 최종적으로 공유하는 조상이 100만 년 전에 살았다면, DNA 결과는 월포프와 손의 연속성 설을 지지하게 될 것이다. 만약 마지막 공동 조상이 보다 훨씬 최근까지 살았다면

스트링거와 앤드류스의 신속한 대체 이론이 입증될 것이다. 그러나 여기에는 문제가 있었다. 전 세계 사람들의 DNA를 검사하여도 의미 있는 결과가 나오지 않게 될 것이다. 왜냐하면 한 집단에서 돌연변이가 일어나 축적되어가는 동안 딴 집단에서는 다른 돌연변이가 일어나므로, 모든 사람의 세포핵 DNA 변화는 매우 느리게 진행될 것이기 때문이다. 그래서 윌슨과 칸은 독창적으로 그 당시까지 사람의 기원에 대한 연구에서 거의 사용되지 않았던 다른 형태의 DNA를 다루기 시작하였다.

세포의 핵 안에서 발견되는 DNA와 함께 세포 내에는 핵 바깥에 미토콘드리아라는 작은 물체가 있는데, 이것은 자기 자신의 유전자 암호를 갖고 있다. 과학자들은 미토콘드리아가 오랜 옛날에 생긴 구조물로, 그 당시에는 완전히 독립된 생물이었으며, 결국에는 세포에 융합되었지만 약간의 자율성을 유지하고 있다고 믿는다. 미토콘드리아 DNA는 두 가지 독특한 성질을 갖고 있다. 미토콘드리아 DNA는 돌연변이가 빨리 일어나 핵 속의 DNA보다 훨씬 짧은 시간에 DNA 염기서열 변화가 축적된다. 예를 들어 나이지리아와 덴마크 사람의 핵 DNA는 어떠한 차이도 없지만, 미토콘드리아 DNA를 이용하면 이 두 사람의 유전자 차이를 비교할 수 있다. 또한 미토콘드리아 DNA는 모계만을 통해서 유전된다. 즉, 우리는 어머니의 DNA 복사본을 갖고 있으며, 어머니는 외할머니의 것을 갖고 있다. 유성생식 과정에서 양친으로부터 유전물질이 마구 섞이게 되는데, 미토콘드리아 DNA를 이용하면 이러한 현상과는 무관하게 어떤 사람의 유전자 구성의 유전 양상을 거슬러 올라가서 보다 쉽게 추적할 수 있다.

그러나 윌슨과 칸은 미토콘드리아 DNA를 제공할 공여자가 필요하였다. 이들은 있을 것 같지 않은 공급원으로부터 미토콘드리아 DNA를 받았다. 그것은 다양한 인종 배경을 가진 출산한 적이 있는 여성들로부터 기증을 받은 태반이다. 풍부한 DNA 표본이 공급되는 가운데 연구자들은 작업을 시작하여 미토콘드리아 DNA를 추출하고, 여성들 사이의 유전적 차이를 분석하여, 이들이 공유하고 있는 조상과 떨어진 조상들의 가계도를 만들었다.

그 결과는 놀라운 것이었다. 오늘날 지구상의 60억 인구 집단이 단지 14만 년 전에 아프리카에서 살았던 한 여성으로부터 계통이 이어져 내려왔다고 연구자들은 주장하였다. 윌슨과 칸은 이 여성이 —불가피하게 이브라고 칭한다— 우리 종의 첫 여성이 아니라고 철저히 설명하고자 하였다. 단지 그녀의 유전자가 오늘날까지 수천 세대 동안 혼합 과정에서 잔존하였다는 것이다. 만약 이것이 그럴듯하게 들리지 않는다면 우리 사회에 있는 유전자와 전화번호부에 있는 이름들에 포함된 유사성을 생각해보자. 전화번호부에는 많은 성이 있는데 어떤 것은 드물고 진기하며 어떤 것은 매우 흔하다. 홍콩의 전화번호부에는 이나 왕과 같은 성이 우세한 것을 볼 수 있으며, 멕시코에서는 산체스, 곤잘레스 등이 흔하고, 아일랜드에는 케네디와 무어가 여러 쪽을 차지하고 있을 것이다. 왜 이런 현상이 나타날까? 그 이유의 하나로 일부 사람들이 그들의 유전자를 영속시킴으로서 성을 영속시키는데 있어 다른 사람들보다 성공적이었다는 것이다. 나의 외할머니께서 딸만 낳으시고 그 딸들은 단지 아들만 낳았다고 하면 외할머니의 처녀 때 이름인 셀그는 그녀가 사망하였을 때 사라져버렸다. 같은 식으로 외할머니의 미토콘드리아 유전자 구성은 그녀의 딸이 사망할 때 사라지게 될 것이다.

만약 현대 인류의 종족들이 14만 년 전에 분기하였다면 우리의 인류 역사에 대한 견해의 결론은 중요해진다. 위 사실은 종족의 차이는 유전자 수준에서 대단치 않은 것이며 생물학적 기초를 두고 종족 간의 지능 차이를 찾으려는 사람들에게는 의미가 없음을 뜻하는 것이다.

윌슨과 칸의 연구에 논쟁의 여지가 없는 것은 아니다. 월포프와 손은 미토콘드리아 연구를 하는 사람들이 DNA 표본을 여러 인종 계통을 가지고 있는 미국 여성으로부터 얻었다는 점을 공격하였다.

많은 아프리카계 미국인들의 유전자에는 상당한 비율의 유럽과 아메리카 원주민 유전자가 포함되어 있다. 또한 연속성 옹호자들은 유전학자들이 미토콘드리아 DNA의 돌연변이 속도를 측정한 시계가 많은 오차를 갖고 있다고 주장하였다. 이 시계가 잠시라도 멈추었다면 14만 년 전에 분기되었다고 제시된 시점은 100만 년 전으로 확대될 것이다. 이러한 경우 윌슨과 칸은 호모에렉투스가 아프리카로부터 처음 이주한 것만 관찰한 것이고, 유전학자들이 대체된 직립인간이라고 믿는 훨씬 최근 인류의 이주는 관찰하지 않은 것이다.

이 점에서 논쟁은 더욱 가열되었다. 월포프와 손은 윌슨과 칸의 해석이 맞는 것이라면 현대 인류는 아프리카에서 출현하여 세계에 걸쳐 보다 이른 시기에 있었던 모든 인류의 형태를 대체하였다고 지적하였다. 그렇지 않았다면 초기 인류 형태의 존재가 DNA 연구에서 탐지되었어야 했을 것이다. 이 경우 대체되었다는 것은 죽였다는 것을 고상하게 말하는 것일 뿐이다. 역사를 통하여 사람들이 이주하는 과정에서 서로를 죽였다고 해도, 네안데르탈인과 현대 인류와 같이 서로 비슷한 2개의 종이 적어도 이따금 친하게 사귀지 않고 같은 시기에 같은 장소에서 살았을 것 같지 않다고 월포프는 생각하였다.

나는 월포프의 주장이 설득력을 갖고 있음을 발견했다. 영국의 유명한 제임스 쿡 선장이 폴리네시아를 항해하고 있을 때, 그와 그의 선원은 작고 검은 피부의 사람들과 마주치게 되었다. 그 당시 유럽 중심적 가치관에서 보면 이 사람들은 유럽인보다 열등한 다른 종이다. 그러나 이 영국 선원들은 원주민 여자와 성관계를 갖는데 주저하지 않았고, 그들과 함께 아이의 아버지가 되었다. 영국 선원들과 처음 만난 사람들에게 있었던 영국 유전자는 오늘날 폴리네시아 섬 사람들 일부 집단에 여전히 남아있다. 같은 논리로 나는 현대 인류와 보다 원시적인 인류 사이에 적어도 가끔씩 운수 나쁜 짝짓기가 있었다고 추측한다.

과거 수십 년 간 있었던 사람의 기원에 대한 과학적 논쟁과는 달리, 여기에는 야외에서 단련된 화석 전문가에 대항하는 흰 코트를 입은 실험실 과학자들이 보이지 않는다. 원래 신속한 대체론의 옹호자는 스트링거와 앤드류스인데 이들은 덕망 있는 화석 권위자이다. 그리고 신속한 대체론에 대한 일부 날카로운 비평가들은 유전학자들이다. 오네온타에 있는 뉴욕 주립대학의 존 릴레스포드(John Relethford)는 유전적 증거가 화석 자료에 근거를 둔 이론에 대한 임프리마투르(imprimatur) 즉, 허가를 주는 것으로 보이지만 화석이나 다름없이 오류와 오역을 하기 쉽다고 지적하였다. 그는 아프리카로부터의 두 번째 이주 물결 때문에 유전학자들이 잘못 해석했을 수 있다는 점에 주목하였다.

유전자는 선사시대에 있었던 진화 사건의 시간대에 대하여 믿을 만한 정보는 아주 조금밖에 주지 않는다고 릴레스포드는 말하였다. 대신에 유전 정보는 고대의 사람 집단이 행동하였던 방식에 대하여 많은 것을 말해 준다. 예를 들어 우리는 약 10만 년 전의 인구 폭발을 그 당시에 세계 유전자 집단 다양성의 갑작스런 증가를 주목함으로써 더듬어 올라가 원인을 조사할 수 있다. 그와 같은 증거는 또한 그 인구 붐 이전에 살고 있던 초기 사람들의 총 수가 매우 작아, 아마도 전 세계에서 수만 명일 것이라는 것을 암시한다. 그러나 유전자는 세계 인구가 붐 직전에 매우 작았는지, 또는 인류 역사상, 특히 선사시대에 여러 차례 나타난 전염병이나 기아 등에 이어서 일어난 집단 충돌 후에 단순히 재팽창한 것인지는 말해주지 않는다.

일부 고고학자들은 신속한 교체 옹호자와 다지역 옹호자들 사이의 과학적 충돌을 해결하기 위해어 노력했다. 초기 사람들이 구세계를 가로질러 퍼져 나갔지만 이들은 도구와 같은 문화적 인공물은 말할 것도 없고, 광범위한 유전자 교환에 관여되었을 것이라고 말한다. 이러한 교환으로 모든 사람이 해부학적으로, 유전학적으로 상당히 동일하게 보이도록 유지되었다. 가지가 난 촛대를 놓고 다지역 모델을 생각해 보자. 가지 촛대 아랫부분의 아프리카로부터 호모에렉투스가 출발하고, 각 양초는 아시아나 유럽으로의 이주를, 그리고 현대적인 것으로의 진화가 동시적으로 진행된 것을 나타낸다.

이제 같은 가지 촛대인데 양초를 연결하는 까치발이 없는 것을 생각해보자. 이것은 절충형 모델로 부분적 연속성이라 하며 타당성이 있다. 그러나 많은 신속한 대체 옹호자들은 부분적 연속성을 받아들이지 않는다. 아마도 고대인과 보다 현대적인 사람 사이의 종간 교잡을 받아들인다는 것은 보다 이른 시기에 사람의 모든 유전자가 현대인의 것으로 대체되었다는 신속한 교체 가정의 타당성에 의심을 품을 수 있게 하기 때문일 것이다.

그럼에도 불구하고 현재 신속한 대체 옹호자들이 우세하다. 예일 대학의 로버트 도리트(Robert Dorit)가 이끄는 연구팀은 Y염색체에 대한 1995년 연구에서, 최초의 미토콘드리아 DNA 작업을 보완하였다. Y염색체는 부계(父系)를 통해 유전되기 때문에 모계로 유전되는 미토콘드리아 DNA에 대해 완벽한 검정을 할 수 있게 한다. 연구자들은 다른 영장류 종보다 사람에게서 Y염색체의 유전자 변이가 적음을 발견하였다. 많은 집단들이 유전적으로 일치한다는 것은 변이가 축적되기 위한 시간이 너무 조금밖에 지나지 않았다는 것을 의미하기 때문에, Y염색체의 변이가 적음은 호모사피엔스의 조상은 매우 최근에 있었음을 시사하는 것이다. 동시에 다른 연구 팀은 세상 다른 곳보다 아프리카 Y염색체에서 더 많은 변이가 있음을 보고하였다. 그리고 세 번째 연구로 네안데르탈인의 뼈에서 추출한 DNA의 연구는 네안데르탈인이 현대 호모사피엔스와 유전적으로 어떻게 다른지 보여준다.

종합해 보면, 이들 3개 연구들은 신속 대체 모델을 강하게 지지하고 있다. 이들은 하나의 종으로서 현대 인류가 유전적으로 다른 영장류와 비교하여 동일하다는 것을 설득력 있게 보여준다. 그러나 이러한 동일성이 우리가 매우 최근에 출현하였다는 것을 뜻하는지는 여전히 분명하지 않다. 연속적인 이주 물결이 있었다는 가능성은 분명히 남는다. 월포프와 그의 화석 연구 동료들은 유전적 접근의 타당성에 대해 철저히 납득하지 않고 있다. 단지 시간만이 우리가 호모에렉투스의 정복자로부터 계통을 이어온 것인지 아니면 두 발로 걷는 이주자의 마지막 물결인지를 말해줄 것이다.

현대의 두 발 동물 : 호모사피엔스

해부학적으로 현대적인 사람이 등장할 즈음에는 두 발로 걷는 것이 그 전 150만 년 이상 동안 사람 세계의 법칙이 되어왔다. 사람들은 이주할 때 장거리를 걸었을 뿐만 아니라 오늘날 사람들이 하는 현대의 사냥과 채집생활과 같이, 효율적으로 짐승의 고기를 찾는데 긴 다리를 이용하였다.

먹이를 뒤쫓다가 숨어서 기다리는 방식으로 바꾼 것은 현대 인류가 완전히 두 발로 걷기 시작한 뒤 한참 후에 일어났다. 이러한 전환은 아마도 현대 인류가 10만 년 전에 전 유라시아에 거주하기 시작할 때 일어났을 것이다. 고고학자인 뉴멕시코대학의 로렌스 스트라우스는 비교적 최근인 약 2만 년 전에 적어도 유럽과 남아프리카에서 이러한 변화가 일어났다고 생각한다. 유럽의 호모사피엔스는 들소, 순록, 붉은사슴, 야생마 등 큰 포유동물들을 먹었다. 호모사피엔스는 협동과 많은 계획을 통해서만 잠재적으로 위험한 이러한 동물들을 죽였다. 이 사냥꾼들은 창, 활, 화살, 작살 등으로 무장한 채, 좁은 협곡으로 사냥감을 몰아서는 숨어서 기다리고, 1년간 떠돌아다니는 이주성 짐승들을 따라다니는 법을 익혔다. 사냥은 점차 전략적이 되었고 협동이 잘 되었다. 그리고 이들 현대 보행자들은 그들의 사냥감을 따라가서 발견하고 살그머니 접근하는데 필요한 이동 효율과 인식 능력을 갖고 있었다.

사냥꾼들은 발명과 다른 문명과의 접촉을 통해 기술을 더 획득함에 따라 점차 보다 효과적인 킬러가 되었다. 고고학자들은 동아프리카 국가인 잠비아에서 30만 년 전에 화석화된 나무 곤봉을 발견하였다. 영국의 남부해안에서는 역시 30만 년 된 주목 가지로 만든 부러진 창의 손잡이가 나왔다. 최근에 하노버에서 석재 도구와 함께 발견된 7피트짜리 나무창과 도축된 야생마의 유해 등을 근거로 보면, 거의 40만 년 전에 독일의 사냥꾼들은 분명히 창을 사용하고 있었다. 네안데르탈인은 채굴용 막대기, 짐승 가죽을 벗기는 도구, 병, 주전자, 의류뿐만 아니라 창과 곤봉, 건축자재 등을 만드는데 나무를 이용하였다. 틀림없이 사람들은 나무뿐만 아니라 나뭇잎과 흙 등 폭넓고 다양한 재료로 도구를 만들었으며, 그 중 일부가 현재까지 남아있는 것이다.

고대의 사냥꾼들은 현대의 사냥—채집자들이 오늘날 사용하는 것과 같은 방식으로 이러한 모든 도구들을 사용하였다. 즉 매복하거나 추적하여 동물을 죽이고 그들의 사체를 도축하였다. 그러나 효과적인 두 발 보행이 우리를 보다 나은 사냥꾼으로 만들어 주었을까? 두 발로 걷는 것이 사냥하는 동안에 반드시 큰 이점을 주는 것은 아니다. 공룡을 생각해보자. 두 발로 걷는 많은 공룡들은 느리게 움직이는 초식동물이었다. 최근의 사람에게 두 발로 걷는 이득은 적어도 3가지이다. 두 발 보행은 사냥감이나 다른 식량을 찾는데 있어서 효과적인 장거리 여행을 할 수 있게 한다. 그리고 먹이를 기민하게 추적할 수 있게 한다. 마지막으로 도구, 무기, 어린이들을 운반할 수 있게 해준다. 두 발 보행은 사전 적응의 놀라운 예이다. 직립보행의 초기 단계는 시험적이고, 가지각색이었으며, 주로 얌전하게 먹는 행동에 맞추어져 있었다. 그 훗날에야 장거리 보행이 가능하게 되었고 그 자체만으로 장점이 되었다. 그리고 그보다 훨씬 후에야 사람은 새로이 발견한 보행 능력을 장거리 여행에 맞게 다듬었다. 보행은 네 발로 걷는 유인원로부터 다양한 원시 두 발 유인원으로 진화하였는데,

이때 적어도 한 계통에서는 완성된 장거리 두 발 유인원이 출현하였다. 그러나 각자 진화되는 단계에서 최종적으로 진화된 결과는 보이지 않았고 단지 특정 환경에 대한 즉각적인 유전적 적응만 있었다.

이주자

여러분은 여전히 사람이 뇌 때문에 이 지구를 물려받았다고 믿을 것이다. 그러나 나는 효과적인 직립의 방식으로 이곳저곳으로 이동할 수 있는 우리의 능력 때문이라고 주장한다. 그리고 우리의 선조들이 지구를 어떻게 식민지화 하였는가를 고려한다면, 그들의 걷는 능력은 결정적인 것이다. 현대 인류가 세계의 가장 먼 곳까지 정착하기 위하여 했던 여행과 비교한다면, 아프리카로부터의 모든 초기 이주는 공원에서 산책하는 수준이었다. 일단의 사람들, 아마도 50명 정도가 약 10만 년 전에 서남아시아에 도착하였다. 이 아주 작은 규모의 창시자 집단으로부터 농업종사자들이 수 만년 이후에 출현하였다. 4만 년 전까지 사람들은 중앙 유럽의 일부 지역에서 석재 칼날과 같이 뛰어나고 정밀한 도구들을 만들고 있었으며, 3만 년 전까지 그와 같은 도구들은 보편적이 되었다.

그 당시 인간의 속성에 어떤 근본적인 일이 일어났다. 사람들은 조금 더 정교한 기술을 가지고 북극, 러시아의 대초원지대 그리고 다른 황량한 장소들로 퍼져나갔다. 고고학자들은 사람들이 보다 큰 개척지에서 살기 시작하면서 결국에는 생활양식에서 방랑하던 경향이 줄어들게 되었다고 믿는다. 그리고 사람들은 자신의 생활을 전 유럽에 걸쳐 있는 동굴 벽에 그림으로 묘사하기 시작하였다. 그 시점에서 상징성과 예술성이 사람의 정신에 들어갔다. 즉, 사람들은 자손들에 의해 언젠가는 발견되도록 처음으로 자신들을 표현할 수 있었다. 벽화는 모든 유럽에 걸쳐 동굴에 새겨져 있으며, 다산 의식과 종교 의식, 또는 단지 예술로서의 역할을 하였다. 이해하기 어려운 여자의 몸을 한 작은 비너스 상처럼, 사람들은 자신을 묘사하기 시작하였다.

사람들이 언제 처음으로 신세계로 걸어갔는지는 확실하지 않다. 분명히 그들은 시베리아와 알라스카를 연결하는 베링 육지 다리를 통해서 갔을 것이다. 대부분의 고고학자들은 위스콘신의 얇은 얼음판이 물러나고 있을 무렵인 1만 3000년 전까지 1년에 수 마일 정도 또는 훨씬 멀리 여행하면서 위험을 무릅쓰고 앞으로 나아가 미주 대륙을 발견하였다는 사실을 받아들인다. 일부 연구자들은 빙하기가 여전히 강하게 진행 중인 2만 5,000년 전에 보다 이른 이주자들이 횡단하였다고 믿는다. 전문가들은 1만 6,000년 후에 사람들이 알라스카에 매우 가까운 시베리아에 살고 있었고, 그로부터 3,000년 이후에 두 개의 대륙을 연결하는 육지 다리가 나타날 정도로 바다의 높이가 낮아졌을 것이라고 믿는다. 육지 다리는 나무가 없고 끔직한 기후 때문에 횡단 여행은 쉽지 않았을 것이다. 그 광대한 지역에 살고 있었던 동물들을 사냥하면서 아메리카로의 초기 이주자들은 이후의 1,000년 동안 분투하며 횡단하여 나아갔다.

사람들은 북아메리카 대륙에 들어오면서 빨리 이동하였다. 예를 들면 1만 2,000년 전까지 펜실베이니아와 다른 동부 지역에 도달하였다. 이 무렵에 남미에 사람이 정착하였다는 증거가 있다. 이 시기에 기후의 변화가 진행되고 있었다. 온도가 올라감에 따라 보다 많은 환경이 빠른 식민지화에 이용될 수 있었다. 1만 년 전까지 미국의 동부와 중부의 유명한 클로비스 정착지는 번영하고 있었으며, 바로 그 후에 뾰족한 창머리의 특징을 갖고 있는 클로비스 사람들이 대륙 전체에 걸쳐 살게 되었다.

아메리카 원주민들은 600만 년 동안의 직립 자세로 가는 행진의 최종 주자였다. 왜냐하면 그들은 동부 아프리카의 인류 기원점에서 가장 먼 지점에 이른 첫 현대 인류이기 때문이다. 다른 사람들은 작은 배를 이용해 태평양을 거쳐서 여행하였으며, 이들이 지나간 섬들을 식민지화하였다. 신세계에 도착하여 정복한 이들은 보행자였으며, 이때는 발로 걷는 것이 유일한 여행 방법이었다.

9
하늘을 걷는 자들

영화 스타워즈에 나오는 인상 깊은 한 장면을 보면, 루크 스카이워커와 그의 스승인 오비—완 케노비가 멀리 있는 행성인 타투인의 초라한 술집으로 걸어 들어간다. 은하 사이에 있는 통상거래부대에 위치한 술집은 모든 종류의 외계 하층민이 항상 모이는 곳이다. 그곳에는 상상의 세계에서 온 눈이 네 개 달린 난장이들, 뱀대가리 인간, 개구리모양 인간, 털북숭이 개인간, 곱슬머리 수스 박사 같은 인간들이 있다. 모두 헐리우드가 만들어낸 인간의 종류이다.

술집에 오는 외계인들과, '플래시 고든'에서 스타트렉까지 거의 모든 공상과학소설에서 볼 수 있는 이들의 해부학적 공통점은, 그들이 모두 두 발로 서서 걷고, 대개 5개의 손가락이 달린 능란한 손을 갖고 있는 것이다. 이것은 배역담당회사 탓도 있다. 진짜로 기이한 몸을 가진 한가한 배우를 찾는 것은 쉽지 않다. 적어도 컴퓨터가 인물을 만들어내는 세대 이전에 등장한 모든 공상과학 인물들은, 옷입고 다니는 실제 사람을 닮을 수밖에 없었다.

어쩌면 외계의 진보된 생명체는 훨씬 더 이상한 모양을 하고 있을지도 모른다. 사지에 붙은 손가락 발가락의 숫자는 진화과정의 발생적 특성 작용에 의한 것이다. 대부분은 5개로 진화되었지만, 몇몇 양서류는 4개뿐이다. 똑바로 서서 걷는 것도 오랜 진화의 역사를 거쳐 두 발 생물이 된 결과이다. 지구생물에서는 극히 드물게 나타나는 이 직립자세가, 고도의 지능을 진화시키는 데 결정적인 전제조건이다.

우리는 상당부분 우리 기술력 덕분에 현재의 인간이 되었는데, 우리 조상들이 서서 걷지 않았다면, 도구 사용은 현재와 같은 수준에 도달하지 못했을 것이다. 두뇌가 발달한 다른 동물들을 보면, 물건을 잘 다루도록 손이 자유로워진 것이 인간 수준의 지능에 도달하는데 필요한 첫 단계임을 알 수 있다. 침팬지는 인간을 제외하면 가장 숙련된 기술을 가진 동물이지만, 그 자세로 인해 손동작이 숙달되는데 한계가 있다. 나는 침팬지가 흰개미 집에서 흰개미를 낚을 막대기를 모으는 것을 관찰하였다. 운반할 막대기들을 입술 사이에 조심스레 물고 있는데—손이 자유롭지 못하니까—, 마디진 손으로 땅을 짚고 걸으려면, 사지가 계속 땅에 닿아있어야 한다. 돌고래는 고도로 복잡한 신호를 서로 주고받으며 바다를 헤엄치는데, 인간 외의 다른 동물들처럼 도구를 사용하는 기술은 발달시키지 못했다. 심해를 휘젓고 다니도록 단련된 멋진 지느러미지이지만 무엇을 잡는 데는 아무 쓸모가 없다. 돌고래가 사용하는 도구는 여태껏 한 가지 형태만이 발견되었다. 해저에서 스펀지를 잡아 코같이 생긴 주둥이에 걸고, 먹이를 찾기 위해 바닥을 미는데 사용하는 것이다. 돌고래는 서 있을 다리나 무언가를 쥘 수 있는 손이 없기 때문이다. 코끼리는 코를 사용하여 물건을 옮기거나 나무에서 먹이를 따는데, 손가락이 없으므로 그 정도가 둔하다. 하등 무척추동물 중에서 '손재간'이 가장 뛰어난 문어가 바로 —인간과 같이— 최고의 두뇌를 가진 동물이다.

이제 스타워즈에 나오는 술집으로 돌아가서 외계인에 대한 문제를 상상해보자. 우리가 훗날 지능이 높은 외계인의 방문을 받게 된다면, 그 외계인들은 모두 우리같이 생겼을까? 실제로, 외계 생명체도 지구에 사는 생명체를 지배하는 생물의 법칙을 따를지 모른다.

즉, 자연도태에 의한 다윈의 진화론은 어디에서나 적용되는 생명의 진리일지도 모른다. 일정한 거리를 두고 별을 따라 도는 암석으로 된 행성은 생명체가 살기 좋은 조건을 제공한다. 적절히 혼합된 지질과, 일정한 형태의 물, 지나치게 낮거나 높은 온도가 아니라면, 수십억 년 후 어떤 생명체가 그 행성에서 어슬렁거리게 될지도 모른다. 게다가 지능이 높은 생명체는 아마도 직립보행을 할 것이다.

이것은 믿을 수 없는 지나친 추측이다. 우리는 바로 이 지구에서 물리적인 환경이 정해진 방법에 따라 생명체를 빚어낸 완전한 예를 알고 있다. 4억 년 전 오스트레일리아는 높아진 해수면과 대륙의 부유 현상으로 인해 격리된 대륙이 되었다. 그 당시 그 지역에 살던 원시 포유동물들이 대륙에 갇혀 있다가 오스트레일리아의 주점종이 된 것이다. 나머지 얘기는 알다시피, 이 포유류들이 경쟁할 여지도 없이 대륙을 차지하고 각자 환경 생태적 니치(niche)에 적합한 다양한 형태로 진화한 것이다. 각자 고유한 진화 장치에 따라, 오스트레일리아 유대류는 다소 희귀한 길을 선택한 결과, 자궁대신 (아기)주머니로 대치하는 방식으로 생식문제를 해결하였다.

오스트레일리아는 태반류가 진화한 다른 지역과 마찬가지로 풍요한 자연 서식지이다. 사막, 삼림, 우림, 초원, 해변들이 모두 있다. 오스트레일리아 유대류는 땅굴에 사는 종류, 나무를 타는 종류, 뛰어다니는 종류, 나는 종류, 초식동물, 육식동물, 개미핥기 등 다른 지역의 포유동물에서 볼 수 있는 모든 종류로 진화하였다. 유대류 생쥐, 유대류 늑대, 유대류 사자 등도 파생되었는데, 늑대와 사자 종류는 멸종 상태이다. 캥거루는 다리가 좀 이상하지만, 이동한다는 점을 제외하면, 사슴이나 영양과 별로 다르지 않다. 캥거루에 속한 종들이나, 크고 작은 왈라비는 풀이나 잎을 먹는 종류라는 점이 다른 지역에 사는 유제류와 유사하다. 자연선택은 오스트레일리아 초원이나 삼림의 니치를 다른 지역과 유사한 방식으로 조종하였다. 단지 번식의 문제만이 우회하는 새로운 오스트레일리아식 접근법일 뿐이다. 그 괴상한 모양을 보면, 유대류 스스로 자연환경과 자연도태의 영향으로 빚어진 창조물이라고 말하고 있지 않은가! 유대류와 태반류 간의 뚜렷한 수렴현상이 우리가 궁금해 하는 외계생명체에 대한 대답이 될 수 있을 것이다. 환경조건이 유사하면, 식물이나 식물 군락이 생겨날 것이다. 이들이 동물군락의 기반자원을 형성하게 된다. 다윈 법칙이 어디에나 적용된다면, 우리와 크게 다르지 않은 동물이 지구 같은 서식지에서 생겨나고, 또 다양한 형태로 분지될 것이다. 따라서 외계생물은 외계같이 생소해 보이지 않거나, 적어도, 이상한 지구 생물보다 더 이상해 보이진 않을 것이다. 오리너구리는 젖꼭지와 오리주둥이가 있고, 알을 낳으며, 아이아이원숭이는 불쾌하리만큼 긴 가운데손가락을 갖고 있는 여우원숭이류인데, 이들은 외계생물처럼 보일 정도로 변형의 한계에 도달한 것 같다.

미국항공우주국은 우리 은하계에서 다른 별을 돌고 있는, 지구와 유사한 행성을 발견하려고 한다. 아마도 멀지 않은 장래에, 지능을 가진 생명체로 진화가 일어나기에 알맞은 조건을 갖춘 다른 세계를 발견하게 될지 모른다. 그 생명체들은 어떻게 생겼을까? 억지로 하지 않는 한, 우리 주변 환경을 바꿀 길은 없다. 우리가 마주칠 어떤 지능적 생명체도 우리 구조와 유사한 체제로 되어 있거나, 적어도 영장류 체제와 유사할 것이다. 손가락 수는 발생이나 유전적 요인에 달려있지만, 사지와 손가락은 아마 분명히 갖고 있을 것이다.

지능이 뛰어난 외계 생물이 있다면 서서 걸을 필요가 있을까? 지구에서 두 발로 걷는 것이 드문 일이므로, 특수한 상황이 되풀이 되지 않는 한, 그런 일이 다시 생긴다고 가정하는 것은 바보같이 생각된다. 지구 생물에 관한 동일한 질문을 함으로써 이 문제를 파헤쳐 보겠다. 두 발로 걷는 일이, 일어남직 하지 않은 환경과 유전자와 역사의 무수한 상황 아래서, 우연히 엮어진 일회성 사건인가? 그렇다면, 인류의 시계를 800만 년 전으로 되돌려서 유인원과 사람류(hominid; 人科)의 진화 테이프를 재방영 해본다면, 이 사건은 다시는 일어나지 않을 것이다. 아니면, 바른 생태적 조건 때문에 필연적으로 두 발로 걷게 된 것인가?

한 가지 요인이 가장 중요하다. 두 발 동물의 조상은 자연선택에 의해 바로 서서 걷는 몸으로 용이하게 변형될 수 있는 한 묶음의 해부학적 특징을 갖고 있어야 한다는 것이다. 이것은 우리 선조에서 일어난 광대하고도 미로 같은 변화를 포함한다. 직립의 진화를 가능케 한 해부학적 전제조건은 다른 포유류가 아닌 최초의 사람류가 모두 갖고 있었다. 그 전제조건은 움켜잡을 수 있는 손과 서로 맞닿을 수 있는 엄지손가락이다. 영장류 적응현상의 가장 기본이 되는 이 특징의 기원은, 인류의 여명 전, 6,000만 년 전에도 나타난다. 도구 사용이나 운반을 위해 진화된 것이 아니고, 숲에서 움직이거나 초기 포유류 먹잇감의 일부였던 곤충을 잡기 위해 진화된 것이다. 맞닿을 수 있는 엄지손가락은 자연선택에 의해, 먼 훗날 두 손이 자유로워져서 도구를 만들고 사용하는 법을 배우게 된, 두 발로 걷는 동물에서 매우 유용한 결정적인 유물이 되었다.

이것이 바로 두 발로 걷는 일이 영장류라는 한 집단에서만 진화해 온 이유라고 생각된다(비록 인류 초기에 여러 차례 일어난 것 같지만). 두 발로 걸으면서 먹이를 찾아 돌아다니는 일은 에너지 효율성이 좋을 뿐 아니라, 손이 자유로운 것이 영장류에서만 중요한 요인으로 작용하였는데, 그 이유는 영장류만이 손을 이용하여 생존을 높일 수 있는 지능을 갖고 있었기 때문이다. 사람류가 두 발로 걷게 되어 얻은 보상은 다른 포유류보다 단지 좀 컸을 뿐인데, 그 결과 진화작용은 그 쪽으로 계속 추진하게 되었다.

많은 생물학자들은 주어진 환경인자로부터, 진화상의 변화과정에 대해 대략적인 추측을 할 수 있다고 믿는다. 어떤 인류학자들은 영장류의 짝짓기 체제가 예측 가능한 자손으로 진화해왔다고 적기도 한다. 그들은, 인류 진화에 영향을 미치는 모든 생물학적 요인들을 주의 깊게 검토하여보면, 우리 바로 윗대의 선조를 자세히 조사할 수 있다고 주장한다. 많은 인류 진화학자들의 엄청난 노력에도 불구하고, 진화의 장래 모형을 소급하여 추정하는 일은 거의 추측에 불과하다.

잭 스턴과 랜달 서스만은 이 책의 주제를 다음과 같이 요약하고 있다. "화석이 더 많이 발견될수록 더 놀라게 된다. 4~600만 년 전의 표본을 발견하면 흥분하게 되는데, 문제는 이 조상을 사람류로 분석하는 우리 능력에 달려있다."

과거의 연구자들은 두 발로 걷는 것이 인간의 근본적 특징이므로, 가장 오래된 두 발로 걷는 표본을 발견하면 인류 계통수의 가장 깊은 뿌리를 알게 되리라는 가정 하에 연구 작업을 하였다. 지금 우리는 그 때보다 조금 더 알고 있다. 가장 오래된 두 발 동물은 단순히 직립 유인원이었을 것이다. 초기에 나타난 두 발 동물의 종류 중 여럿 혹은 다수에서, 오늘날 볼 수 있는 걸어 다니는 동물의 조상이 출현하였다. 다른 동물들의 유일한 유산은 먼지 덮인 박물관 서랍을 채우고 있는 뼈로 남아있거나 아직도 땅속에 묻혀 발견되기를 기다리고 있다. 어떤 것이 직립 유인원의 것이고, 어떤 것이 우리 인간의 심장과 영혼을 담고 있는지를 알아내는 것이, 우리의 당면 문제이다.

큰 흰 양복과 번쩍이는 유리 헬멧을 덮어 쓴 우주인이 푸른 지구 위 높은 하늘을 떠다니고 있다. 장갑 낀 그의 손은 가장 단순한 작업을 위한 도구도 서투르게 다루고 있다. 장화를 신은 발은 하염없이 우주를 떠다니지 않도록 우주 정거장의 로봇 팔에 꼭 잡혀 있다. 삶은 면도날 차이로 조용히 금방 죽어 버릴 수도 있는 것이다.

200마일 아래 내려간 스쿠버 다이버들이 심해의 바다에서 산호초를 탐색하고 있다. 그 발에는 고무 지느러미가 달려 있고, 몸은 네오프렌 옷으로 감싸여 있다. 머리는 마스크에 달린 병을 통해 등에 있는 금속 산소 탱크와 공기 줄로 연결되어 있다. 탱크를 제거하거나, 줄을 끊으면, 그 다이버는 죽게 된다.

수마일 밖에서 바위타기 등반가는 절벽에 바짝 붙어 있다. 그 손은 지탱할 작은 홈을 찾고 있고, 그 발은 발 밑 갈라진 틈새에 박혀 있다. 절벽 높이가 12m밖에 안 되지만, 지탱할 금속 피턴(등반용 쇠못)이나 줄이 없기 때문에 금방 떨어져 한 순간에 죽을 수 있다.

우리 인간은 실망스럽게도 대부분의 지구환경조건에 들어맞지 않는다. 편편한 마른 땅에서도 우리가 살 수 있는 온도 범위는 매우 좁기 때문에 그보다 온도가 높든지 낮을 경우 기술의 도움이 없으면 죽음이다. 그런데도 자연선택의 작용과 우연의 역사를 통해, 우리는 지구 역사에 등장하는 수많은 동물 종류 가운데 가장 강력한 종이 되었다.

오늘 우리에게 이 역사의 대부분은 오랜 시간의 안개에 가려 감추어져 있다. 그러나 현재 우리가 볼 수 있는 것이 미미하더라도 더 많이 탐구하게 되면, 서서 걷게 된 유인원에서 우리가 시작된 것임을 알게 될 것이다.

찾아보기

<ㅈ>

<ㅊ>

<ㅋ>

<ㅌ>

<ㅍ>

<ㅎ>

<영문>

직립보행

찍은 날 2009년 8월 25일
펴낸 날 2009년 8월 30일

저 자 / Craig Stanford
옮긴이 / 한국동물학회
펴낸이 / 손 영 일

펴낸곳 / 전파과학사
서울 서대문구 연희2동 92-18
전화 02-333-8877 · 8855
팩스 02-334-8092
출판등록 1956. 7. 23(제10-89호)

ISBN 978-89-7044-270-9 93470

www.s-wave.co.kr
E-mail : chonpa2@hanmail.net